NITE 国家信息技术紧缺人才培养工程指定教材

教材+教案+授课资源+考试系统+题库+教学辅助案例

一站式IT系列就业应用课程

HTML5移动Web开发

黑马程序员　编著

中国铁道出版社有限公司

CHINA RAILWAY PUBLISHING HOUSE CO., LTD.

内 容 简 介

近些年，移动互联网迅速进入人们的生活、工作中。在移动互联网中起支撑作用的网页、APP 等开发技术也已经成熟。除了原生的 Android 与 iOS 外，HTML5 也是移动 Web 技术中不可忽视的一种开发模式。本书详细讲解了 HTML5 在移动 Web 开发中的应用，包括多媒体、canvas、本地存储、离线应用、地理定位、拖曳、文件操作、移动端事件、移动端常用布局等。除了这些相对独立的技术点讲解，本书还讲解了当下使用最为广泛的移动 Web 框架 Bootstrap，并且在教材中穿插了两个综合项目，将所讲所学应用到实际开发中。

本书适合作为高等院校计算机相关专业程序设计类课程或者 Web 开发的专用教材，也可作为广大计算机编程爱好者的参考用书。

图书在版编目（CIP）数据

HTML5移动Web开发/黑马程序员编著.—北京：中国
铁道出版社，2017.8（2019.12重印）
国家信息技术紧缺人才培养工程指定教材
ISBN 978-7-113-23103-3

Ⅰ.①H… Ⅱ.①黑… Ⅲ.①超文本标记语言-程序
设计-高等学校-教材 Ⅳ.①TP312.8

中国版本图书馆CIP数据核字(2017)第155467号

书　　名：HTML5 移动 Web 开发
作　　者：黑马程序员　编著

策　　划：秦绪好　翟玉峰		读者热线：（010）63550836
责任编辑：翟玉峰　彭立辉		
封面设计：徐文海		
封面制作：刘　颖		
责任校对：张玉华		
责任印制：郭向伟		

出版发行：中国铁道出版社有限公司（100054，北京市西城区右安门西街 8 号）
网　　址：http://www.tdpress.com/51eds/
印　　刷：三河市航远印刷有限公司
版　　次：2017 年 8 月第 1 版　2019 年 12 月第 7 次印刷
开　　本：787 mm×1 092 mm　1/16　印张：14.5　字数：287 千
印　　数：30 001 ～ 38 000 册
书　　号：ISBN 978-7-113-23103-3
定　　价：39.80 元

序

　　江苏传智播客教育科技股份有限公司（简称传智播客）是一家致力于培养高素质软件开发人才的科技公司，"黑马程序员"是传智播客旗下高端 IT 教育品牌。

　　"黑马程序员"的学员多为大学毕业后，想从事 IT 行业，但各方面条件还不成熟的年轻人。"黑马程序员"的学员筛选制度非常严格，包括了严格的技术测试、自学能力测试，还包括性格测试、压力测试、品德测试等。百里挑一的残酷筛选制度确保学员质量，并降低企业的用人风险。

　　自"黑马程序员"成立以来，教学研发团队一直致力于打造精品课程资源，不断在产、学、研三个层面创新自己的执教理念与教学方针，并集中"黑马程序员"的优势力量，有针对性地出版了计算机系列教材 80 多种，制作教学视频数十套，发表各类技术文章数百篇。

　　"黑马程序员"不仅斥资研发 IT 系列教材，还为高校师生提供以下配套学习资源与服务。

　　为大学生提供的配套服务

　　（1）请登录在线平台：http://yx.ityxb.com，进入"高校学习平台"，免费获取海量学习资源，帮助高校学生解决学习问题。

　　（2）针对高校学生在学习过程中存在的压力等问题，我们还面向大学生量身打造了 IT 技术女神——"播妞学姐"，可提供教材配套源码和习题答案以及更多 IT 其他干货资源，同学们快来关注"播妞学姐"微信公众号：boniu1024。

"播妞学姐"微信公众号

为教师提供的配套服务

针对高校教学，"黑马程序员"为 IT 系列教材精心设计了"教案＋授课资源＋考试系统＋题库＋教学辅助案例"的系列教学资源，高校老师请登录在线平台：http://yx.ityxb.com 进入"高校教辅平台"或关注码大牛老师微信 /QQ：2011168841，获取配套资源，也可以扫描右方二维码，加入专为 IT 教师打造的师资服务平台——"教学好助手"，获取最新教师教学辅助资源的相关动态。

为什么要学习《HTML5 移动 Web 开发》

随着互联网行业的持续发展，移动互联网新业务不断发展壮大。HTML5 的发展打开了移动开发的新格局，日益成熟的 HTML5 移动开发技术在实现移动端页面呈现的基础上，性能方面也得到了很大的提升，这些发展都使得移动端 HTML5 开发人才更为紧缺。

虽然目前 HTML5 移动 Web 开发与原生开发还有一定差距，但是在开发成本上 HTML5 移动开发要比原生开发低得多，并且随着 HTML5 的不断发展，终将有一天 HTML5 移动开发可以达到与原生开发一样的效果。HTML5 移动开发也一定会更趋向于主流开发。本书汇集了 HTML5 中移动端常用的技术，适合对 HTML5 移动开发感兴趣的读者。

如何使用本书

本书适合有 HTML5、CSS3 和 JavaScript 基础的学生使用。作为一门新技术教程，最重要也是最难的一件事情就是要将一些复杂的功能简单化，让读者能够轻松理解并快速掌握。本书对每个知识点都进行了深入的分析，并针对每个知识点精心设计了相关案例，然后在每个阶段模拟这些知识点在实际工作中的运用，真正做到了知识由浅入深、由易到难。

本书共分 8 章，第 1~4 章主要讲解了移动 Web 页面的常用技术；第 5 章是一个移动端的综合项目；第 6~7 章主要讲解了跨平台移动 Web 技术，即可适应各种尺寸屏幕的页面开发技术；第 8 章是一个跨平台的综合项目。下面分别对每个章节进行简单介绍，具体如下：

（1）第 1 章主要让读者对移动互联网有基础的理解，与 HTML5 中的移动技术第一次见面。

（2）第 2 章讲解了基于 HTML5 的移动 Web 应用中的网络存储、离线应用和画布技术。

（3）第 3 章讲解了基于 HTML5 的移动 Web 应用中的多媒体、Geolocation 地理

定位、拖曳和文件操作技术。

（4）第4章集中讲解了移动端常用的页面布局和移动端常用事件。

（5）第5章综合项目——黑马掌上商城，是一章模拟网上商城的移动端实战课程。

（6）第6章讲解了跨平台移动 Web 技术，包括响应式 Web 设计、媒体查询、栅格系统、弹性盒布局等。

（7）第7章讲解了在移动端开发使用非常广泛的 Bootstrap 框架。

（8）第8章综合项目——黑马财富，详细讲解了理财公司网站首页响应式页面的制作方法。

如果读者在理解知识点的过程中遇到困难，建议不要纠结于某个地方，可以先将案例按教程编写出来。通常来讲，在熟悉代码过程后，前面看不懂的知识点一般就能理解了。如果读者在动手练习过程中遇到问题，建议多思考，理清思路，认真分析问题发生的原因，并在问题解决后多进行总结。

致谢

本书的编写和整理工作由传智播客教育科技股份有限公司完成，主要参与人员有吕春林、马丹、金鑫、马伦、刘晓强等，全体人员在这近一年的编写过程中付出了很多辛勤的汗水，在此一并表示衷心的感谢。

意见反馈

尽管我们尽了最大的努力，但书中仍难免会有不妥之处，欢迎各界专家和读者朋友来信来函提出宝贵意见，我们将不胜感激。在阅读本书时，若发现任何问题或有不认同之处，可以通过电子邮件与我们取得联系。

请发送电子邮件至：itcast_book@vip.sina.com

黑马程序员

2017 年 4 月

目 录

第6章 跨平台移动Web技术 131

第7章 使用Bootstrap进行移动Web开发...147

第8章 综合项目——黑马财富..............175

第1章

移动互联中的 Web 应用

移动互联网即移动通信和互联网的结合体。用户可以通过手机、平板计算机等可移动数据终端与互联网连接，从而获得互联网中的海量资讯。

【学习导航】

学习目标	(1) 了解什么是移动 Web 开发 (2) 了解移动端的 Web 浏览器 (3) 了解 HTML5 为移动 Web 开发提供的技术
学习方式	以理论讲解、实际网站演示为主
重点知识	(1) 移动端的 Web 浏览器 (2) HTML5 为移动 Web 开发提供的技术
关键词	移动 Web、HTML5、移动 Web 浏览器

1.1 移动互联网的发展

移动互联网已经和人们的生活紧密地联系在一起，例如图 1-1 中展示的多种移动应用。下面了解一下移动互联网的发展历史。

在互联网发展的同时，移动互联网也呈现出爆发式的增长，CNNIC（中国互联网络信息中心）发布的《第 38 次中国互联网络发展状况统计报告》中，截至 2016 年 6 月，我国手机网民规模达 6.56 亿，网民中使用手机上网的人群占比由 2015 年底的 90.1% 提升至 92.5%，仅通过手机上网的网民占比达到 24.5%，网民上网设备进一步向移动端集中。随着移动通信网络环境的不断完善，以及智能手机的进一步普及，移动互联网应用向用户各类生活需求深入渗透，促进手机上网使用率增长，增长势头强劲。

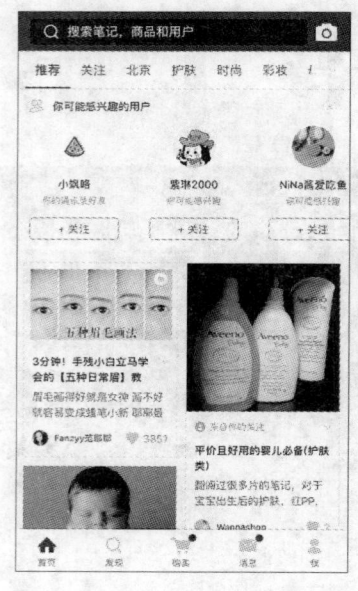

图 1-1　移动应用

移动互联网的发展分如下 4 个重要阶段：

1. 第一阶段（2000 — 2002 年）

中国移动互联网的初级阶段。2000 年 11 月 10 日，中国移动推出"移动梦网计划"，打造开放、合作、共赢的产业价值链。2002 年 5 月 17 日，中国电信在广州启动"互联星空"计划，标志着 ISP（Internet Service Provider，Internet 服务供应商）和 ICP（Internet Content Provider，Internet 内容服务商）开始联合打造宽带互联网产业。2002 年 5 月 17 日，中国移动率先在全国范围内正式推出 GPRS 业务。这个阶段的主要产品有文字信息、图案及铃声。

2. 第二阶段（2003 — 2005 年）

WAP（Wireless Application Protocol，无线应用协议）时期，用户主要在移动互联网上看新闻、读小说、听音乐，开始进入以内容为主的移动互联网时代。

3. 第三阶段（2006 — 2008 年）

这时的中国移动互联网除了内容之外，开始有了一些功能性的应用，比如：手机 QQ、手机搜索、手机流媒体等，手机单机游戏和手机网游起步，移动互联网开始作为传统互联网的补充，占据了用户大量的碎片时间，这是一个互动娱乐的移动互联网时代。

4. 第四阶段（2009 年至今）

随着 3G、4G 的应用，新浪微博等社交网络、基于 LBS（Location Based Service）的应

用、iPhone 的移动 APP、互联网电子商务在手机上的广泛应用，以及互联网上的应用移植，开始出现了一些新的名词：SoLoMoCo——Social（社交的）、Local（本地的）、Mobile（移动的）、Commerce（商务化）。这个阶段，移动互联网产品得到进一步发展，更加受到重视，基本上所有的互联网公司都会设立专门的移动终端部门，负责公司产品在移动终端的战略布局和发展。

在"互联网＋"理念蓬勃发展的今天，移动互联网的发展给人们的生活带来了翻天覆地的变化。在移动应用开发中，开始还是以 APP 的开发作为其发展的主流，但是，随着 HTML5 技术的不断发展，将来的移动互联网应用开发将会变得更加简洁，从而给用户带来更好的体验。HTML5 的发展将会引领移动互联网开发达到一个新的高度。

1.2 移动 Web 开发概述

1.2.1 移动开发的几种方式

当前，针对移动端的开发方式可以分为以下 3 种：

（1）移动 Web（移动网页）：在移动 Web 浏览器中运行的 Web 应用。

（2）Native APP（原生应用）：用 Android 和 Object-C 等原生语言开发的移动应用。

（3）Hybrid APP（混合应用）：将移动 Web 页面封装在原生外壳中，以 APP 的形式与用户交互。

由此可以看出，移动 Web 开发是 Hybrid APP 开发的基础。表 1-1 列出了这 3 种开发方式的特点和区别。

表 1-1 移动端开发方式比较

应用类型 项目	移动 Web	Hybrid APP	Native App
开发成本	低	中	高
维护更新	简单	简单	复杂
体验	差	中	优
商店认可	不认可	认可	认可
安装	不需要	需要	需要
跨平台	优	优	差

从表 1-1 可以看出，移动 Web 这种开发方式具有开发成本低，维护更新简单，无须安装、跨平台等优点，但是在用户体验和性能上稍差。随着手机硬件设备的完善、移动 Web 浏览器对新技术的支持日益加大，移动 Web 开发的用户体验和网站性能也会逐步得到提高。

1.2.2 移动 Web 开发与 PC 端 Web 开发的区别

移动 Web 开发即针对移动端的 Web 页面的开发，它与 PC 端 Web 开发的区别如下：

1. PC 端 Web 开发

PC 端 Web 开发主要由 HTML、CSS 和 JavaScript 技术来实现。PC 端 Web 开发的内容包括网站页面内容、样式的呈现、用户的交互、数据的呈现等。它需要 PC 端浏览器对 HTML、CSS 和 JavaScript 及其他技术的支持。在开发时，需要注意不同厂家浏览器对前端技术支持的差异化，需要考虑浏览器的兼容性。

2. 移动 Web 开发

移动 Web 开发与 PC 端 Web 开发所用的技术类似，开发项目的呈现依赖于移动端 Web 浏览器。在移动 Web 开发中，需要注意以下两点：

（1）由于屏幕大小的限制，在移动 Web 开发中，要注意页面的结构不能过于烦琐；要提炼出该网站最核心的功能，并简洁清晰地呈现出来。

（2）页面的一切交互活动由鼠标控制变成了手指触屏控制，所以在移动 Web 开发时，会增加一些触屏事件。

1.3 移动端的 Web 浏览器

随着 Android 系统手机、iOS 系统手机、Windows Phone 系统手机的不断推出，手机中都会用到移动 Web 浏览器。例如：

（1）Android 中的 Android Browser。

（2）iOS 中的 Mobile Safari。

（3）UC 浏览器、QQ 浏览器、百度浏览器等。

这些移动 Web 浏览器不同于过去的 WAP 浏览器，它们可以识别和翻释 HTML、CSS、JavaScript 代码，并且大多数移动端 Web 浏览器都是基于 Webkit 的。在 PC 端浏览器中，谷歌的 Chrome 浏览器、Apple 的 Safari 浏览器都内置了 Webkit 引擎，并对 HTML5 提供了很好的支持。在移动端方面，Mobile Safari 和 Android Browser 作为大用户平台内置的移动 Web 浏览器，更是继承各自 PC 端浏览器的特点，采用 Webkit 引擎并对 HTML5 提供良好的支持。

移动 Web 浏览器可以直接访问任何通过 HTML 等语言构建的网站或应用程序。例如，通过 iPhone 手机上的 Safari 浏览器访问了黑马程序员网站的首页，如图 1-2 所示。

下面作为对比，在 PC 端访问黑马程序员网站的首页，

图 1-2 移动 Web 浏览器

4

如图 1-3 所示。

图 1-3　PC 端网站首页

通过同一个网站针对不同端的设计对比，反映了移动 Web 浏览器的一些特点。

1. 屏幕尺寸限制

移动 Web 浏览器受到屏幕尺寸的限制，所以移动端网站的设计会将本站最核心的产品进行展示，菜单栏会缩进在""菜单中。

2. 加入手势操作

移动端会支持触屏、滑动、缩放等手势操作。

3. 硬件设备局限性

PC 端硬件配置相对强大，各种浏览器对硬件的要求已经无须太多的限定。而手机的性能相对于 PC 端要低得多，内置的浏览器需要考虑硬件因素。所以，移动 Web 浏览器功能相对有限。但是，随着手机硬件设备的不断加强，移动 Web 浏览器支持的功能也越来越多。

4. 可支持 HTML5 规范

现在的移动 Web 浏览器都可以支持 HTML5，这包括 HTML5 规范、CSS3 规范和 JavaScript 脚本代码。

1.4　基于 HTML5 的移动 Web 开发

作为新一代的 Web 技术标准，HTML5 标准定义的规范非常广泛，以下标准在目前的移动 Web 浏览器中已得到很好的支持。

1. 多媒体

在现在的网站中，音频和视频早已成为网站重要的组成部分。但是，长久以来音频和视频一直依赖于第三方插件，插件会给网站带来一些性能和稳定性的问题。HTML5 的多媒体中，<audio> 与 <video> 标签的出现让音频与视频网站开发有了新的选择。<audio> 与 <video> 标签用于播放音频和视频，并且 HTML5 规范为其提供了可脚本化控制的 API。图 1-4 所示为使用 <video> 标签后的界面，图 1-5 所示为使用 <audio> 标签后的界面。

图 1-4　使用 <video> 标签后的界面

图 1-5　使用 <audio> 标签后的界面

2. canvas

过去很长一段时间，网页显示图像是用 jpg、png 等嵌入式图像格式。动画通常是由 Flash 实现的。现在出现了一种新的图形格式如 canvas，它是 HTML5 的新增元素。

canvas 意为画布，现实生活中的画布是用来作画的，HTML5 中的 canvas 与之类似，可以称其为"网页中的画布"。有了这个画布便可以轻松地在网页中绘制图形、文字、图片等。HTML5 中提供了 <canvas> 标签，使用 <canvas> 标签可以在网页中创建一个矩形区域的画布，它本身不具有绘制功能，可以通过脚本语言（JavaScript）操作绘制图形的 API 进行绘制操作。

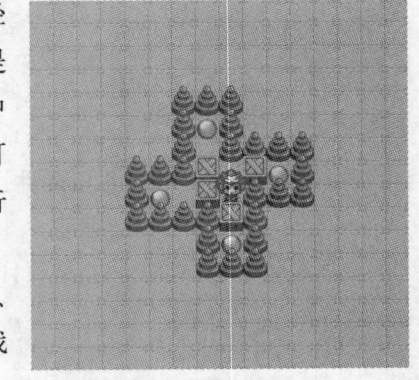

图 1-6　canvas 小游戏画面

用 canvas 可以绘制绚丽的页面，很适合做一些图表、动画、小游戏等。图 1-6 所示为用 canvas 制作的小游戏画面。

3. 本地存储

为了满足本地存储数据的需求，HTML5 规范中提出了 Web Storage 存储机制。Web Storage 速度更快，而且安全，只会存储在浏览器中而不会随 HTTP 请求发送到服务器端。它可以存储大量数据而不会影响到网站的性能。

4. 离线应用

当移动应用遇到无网络状态时就会瘫痪，为了解决这个问题，HTML5 规范中提供了一种离线应用功能。当支持离线应用的浏览器检测到清单文件（Manifest File）中的任何资源文件时，便会下载对应的资源文件，将它们缓存到本地，同时离线应用也保证本地资源文件的版本和服务器上保持一致。对于移动设备来说，当遇到无网络状态时，Web 浏览器便会自动切换到离线状态，并读取本地资源以保证 Web 应用程序继续可用。

5. 地理定位

获取定位信息的方式有很多种，精度最高的是 GPS 技术，除此之外，还可以通过基站和 Wi-Fi 热点等方式来获取位置。在 Web 上，Geolocation API（地理位置应用程序接口）提供了准确获取浏览器用户当前位置的功能，而且封装了获取位置的技术细节，开发者不用关心位置信息究竟从何而来，极大简化了应用的开发难度。

6. 移动 Web 框架

因为有了 HTML5 和移动 Web 浏览器的支持，越来越多的开发者开始研究基于移动平台的 Web 应用框架，例如基于 jQuery 页面驱动的 jQuery Mobile，基于 Ext JS 架构的 Sencha Touch，加入强大 Less 混入的 Bootstrap，等等。这些移动 Web 框架让移动 Web 开发更加快捷，并且能适应现在市场上的各种屏幕尺寸，大大减少了移动 Web 开发人员的工作成本。

目前，使用最广泛的就是 Bootstrap 框架，本书将着重讲解该框架的使用方法。

 ## 小结

本章主要讲解了移动 Web 开发，以及基于 HTML5 的移动 Web 开发所应用的相关技术。通过本章学习，读者可以了解什么是移动 Web 开发，以及本书重点讲解的内容，如 HTML5 的本地存储、离线应用、地理定位，以及移动 Web 开发的实用框架。

【思考题】

1. 列举移动开发的几种方式。
2. 列举基于 HTML5 的移动 Web 开发支持哪些新功能。

第 2 章

基于 HTML5 的移动 Web 应用（上）

HTML5 是 HTML 当前最新的版本，是新一代 Web 相关技术的总称。在 HTML5 中提供了很多新的特性，针对移动 Web 开发方面，除了基本的语义化标签，还提供了一些移动应用的功能，如本地存储、离线应用、画布、多媒体、拖曳、文件操作、地理定位等。本章将针对 HTML5 的网络存储、离线应用和画布进行详细讲解。

【学习导航】

学习目标	(1) 了解什么是 HTML5 网络存储
	(2) 了解什么是移动 Web 离线应用
	(3) 熟悉 localStorage 和 sessionStorage 的区别
	(4) 掌握 localStorage 和 sessionStorage 的使用方法
	(5) 掌握 Application Cache 的使用方法
学习方式	以理论讲解、代码演示和案例效果展示为主
重点知识	(1) localStorage 和 sessionStorage 的使用方法
	(2) Application Cache 的使用方法
关键词	网络存储、localStorage、sessionStorage、离线应用、manifest、applicationCache

2.1 HTML5 的网络存储

随着互联网的快速发展，基于网页的应用越来越普遍，同时也变得越来越复杂，为了满足日益更新的需求，会经常性地在本地设备上存储数据，例如记录历史活动信息。传统方式使用 document.cookie 来进行存储，但由于其存储的空间只有 4 KB 左右，并且需要复杂的操作来解析，给发开者带来很多不便，为此，HTML5 规范提出了网络存储的解决方案。

2.1.1 Web Storage 简介

HTML5 的本地存储解决方案中定义了两个重要的 API：Web Storage 和本地数据库 Web SQL Database。本书将重点讲述 Web Storage 的基本用法。

在 Web Storage API 中包含两个关键的对象：window.localStorage 对象和 window.sessionStorage 对象。前者用于本地存储，后者用于区域存储。

Web Storage 具有以下特点：

（1）设置数据和读取数据比较方便。

（2）容量较大，sessionStorage 约 5 MB，localStorage 约 20 MB。

（3）只能存储字符串，如果要存储 JSON 对象，可以使用 window.JSON 的 stringify() 方法和 parse() 方法进行序列化和反序列化。

目前，主流的 Web 浏览器都在一定程度上支持 HTML5 的 Web Storage，如表 2-1 所示。

表 2-1　主流浏览器对 Web Storage 的支持情况

IE	Firefox	Chrome	Safari	Opera
8+	2.0+	4.0+	4.0+	11.5+

从表 2-1 可以看出，IE 8 版本以上的主流浏览器基本上都支持 Web Storage，移动设备的浏览器支持情况，如表 2-2 所示。

表 2-2　移动浏览器对 Web Storage 的支持情况

iOS Safari	Android Browser	Opera Mobile	Opera Mini
3.2+	2.1+	12+	不支持

从表 2-2 可以看出，iOS 平台和 Android 平台对 Web Storage 都有很好的支持，目前市面上的主流手机和平板计算机都依赖这两个平台，所以在实际开发中，基本不需要考虑 Web Storage 的浏览器兼容情况。但是考虑代码的严谨性，可以使用如下语句进行检查：

```
if(window.localStorage){
    // 浏览器支持 localStorage
}else if(window.sessionStorage){
    // 浏览器支持 localStorage
}
```

除了在移动平台上具有良好的兼容性，使用 Web Storage 还有以下优势：

（1）减少网络流量：一旦数据保存在本地后，就可以避免再向服务器请求数据，因此减少不必要的数据请求，减少数据在浏览器和服务器间不必要地来回传递。

（2）快速显示数据：性能好，从本地读数据比通过网络从服务器获得数据快得多，本地数据可以即时获得。再加上网页本身也可以有缓存，因此如果整个页面和数据都在本地，可以立即显示。

（3）临时存储：很多时候数据只需要在用户浏览一组页面期间使用，关闭窗口后数据就可以丢弃，这种情况使用 sessionStorage 非常方便。

2.1.2 localStorage

localStorage 作为 HTML5 Web Storage 的 API 之一，主要作用是本地存储。本地存储是指将数据按照键值对的方式保存在客户端计算机中，直到用户或者脚本主动清除数据，否则该数据会一直存在。也就是说，使用了本地存储的数据将被持久化。

localStorage 的优势在于拓展了 cookie 的 4 KB 限制，并且可以将第一次请求的数据直接存储到本地，这相当于一个 5 MB 大小的针对于前端页面的数据库。相比于 cookie，localStorage 可以节约带宽，但是这项功能需要高版本的浏览器来支持。

localStorage 在使用中也有一些局限：

（1）浏览器的大小不统一，并且在 IE 8 以上的 IE 版本才支持 localStorage 这个属性。

（2）目前所有的浏览器中都会把 localStorage 的值类型限定为 String 类型，对于日常比较常见的 JSON 对象类型需要做一些转换。

（3）localStorage 在浏览器的隐私模式下是不可读取的。

（4）localStorage 本质上是对字符串的读取，如果存储的内容多会消耗内存空间，导致页面下载变慢。

（5）localStorage 不能被网络爬虫抓取到。

localStorage 是 Storage 的实例，Storage 接口中提供了以下方法和属性，如表 2-3 所示。

表 2-3　Storage 接口的方法和属性

方法 & 属性	描　　述
setItem(key，value)	该方法接收一个键名和值作为参数，将会把键值对添加到存储中，如果键名存在，则更新其对应的值
getItem(key)	该方法接收一个键名作为参数，返回键名对应的值
romoveItem(key)	该方法接收一个键名作为参数，并把该键名从存储中删除
length	类似数组的 length 属性，用于访问 Storage 对象中 item 的数量
key(n)	用于访问第 n 个 key 的名称
clear()	清除当前域下的所有 localSotrage 内容

了解了 localStorage 的方法和属性后，下面通过一个案例来演示 localStroage 的具体使用方法，如 demo2-1.html 所示。

demo2-1.html

```
1   <!DOCTYPE html>
2   <html>
3   <head lang="en">
4       <meta charset="UTF-8">
5       <title>localStorage</title>
6   </head>
```

```
7   <body>
8   <input type="text" id="username" >
9   <input type="button" value="localStorage 设置数据 " id=
        "localStorageId">
10  <input type="button" value="localStorage 获取数据 " id=
        "getlocalStorageId">
11  <input type="button" value="localStorage 删除数据 "
      id="removesessionStorageId">
12  <script>
13      document.getElementById("localStorageId").onclick=function(){
14          // 把用户通过 <input> 输入的数据保存到 localStorage
15          var username=document.getElementById("username").value;
16          window.localStorage.setItem("username",username);
17      };
18      document.getElementById("getlocalStorageId").onclick=function(){
19          // 从 localStorage 获取数据
20          var username=window.localStorage.getItem("username");
21          alert(username);
22      };
23      document.getElementById("removesessionStorageId").onclick
            =function(){
24          // 删除 localStorage 中的数据
25          var username=document.getElementById("username").value;
26          window.localStorage.removeItem("username");
27      };
28  </script>
29  </body>
30  </html>
```

在上述代码中，第 8 行的输入框用于输入数据，然后分别为第 9、10、11 行按钮绑定事件，在单击按钮时会触发相应的事件，第 16、20、26 行分别使用了 localStorage 的 seItem()、getItem() 和 removeItem() 方法，用于设置数据、获取数据和删除数据。

打开浏览器，访问 demo2-1.html，页面效果如图 2-1 所示。

图 2-1　demo2-1.html 页面效果

在图 2-1 的文本框中输入"黑马程序员"，并且单击第 1 个按钮"localStorage 设置数据"，这时数据将被存储到 localStorage 中，如图 2-2 所示。

图 2-2　设置数据

单击第 2 个按钮 "localStorage 获取数据" 来查看数据是否设置成功, 如果成功会显示在弹出框中, 如图 2-3 所示。

单击第 3 个按钮 "localStorage 删除数据", 可以删除该数据, 删除后单击获取数据的按钮, 弹出框中显示 null, 表示删除成功, 如图 2-4 所示。

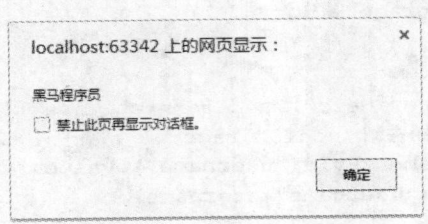
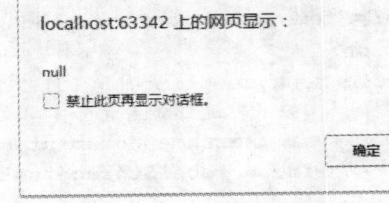

图 2-3 获取数据　　　　　　　　　图 2-4 删除数据成功

2.1.3 sessionStorage

sessionStorage 主要用于区域存储, 区域存储是指数据只在单个页面的会话期内有效。下面首先介绍一下什么是会话。

session 翻译成中文就是会话的意思, 比如现实生活中, 打电话时从拿起话筒拨号到挂断电话之间的一系列过程可以称为一次会话。在 Web 开发中, 一次会话是指从一个浏览器窗口打开到关闭的期间, 关闭浏览器, 会话就将结束。

由于 sessionStroage 也是 Storage 的实例, sessionStroage 与 localStorage 中的方法基本一致, 唯一的区别就是存储数据的生命周期不同。locaStorage 是永久性存储, 而 sessionStorage 的生命周期与会话保持一致, 会话结束时数据消失。从硬件方面理解, localStorage 的数据是存储在硬盘中的, 关闭浏览器时数据仍然在硬盘上, 再次打开浏览器仍然可以获取, 而 sessionStorage 的数据保存在浏览器的内存中, 当浏览器关闭后, 内存将被自动清除。需要注意的是, sessionStorage 中存储的数据只在当前浏览器窗口有效。

下面通过一个案例来演示 sessionStorage 如何存储 JSON 对象, 如 demo2-2.html 所示。
demo2-2.html

```
1   <!DOCTYPE html>
2   <html lang="en">
3   <head>
4       <meta charset="UTF-8">
5       <title>sessionStorage</title>
6   </head>
7   <body>
8       姓名: <input type="text" id="username" >
9       年龄: <input type="text" id="age" >
10          <input type="button"  value="sessionStorage 设置数据 "
11              id="sessionStorageId">
12          <input type="button"  value="sessionStorage 获取数据 "
                id="getsessionStorageId">
```

```
13          <input type="button"  value="sessionStorage 清除所有数据 "
                id="clearsessionStorageId">
14     <script>
15          // 增加数据
16     document.getElementById("sessionStorageId").onclick=function(){
17          // 获取姓名和年龄输入框的值
18     var username=document.getElementById("username").value;
19     var age=document.getElementById("age").value;
20          // 定义一个 user 对象用来保存获取的信息
21              var user={
22                  username:username,
23                  age:age
24              }
25          // 使用 stringify() 将 JSON 对象序列号并存入到 sessionStorage
26     window.sessionStorage.setItem("user",JSON.stringify(user));
27          };
28          //sessionStorage 里面存储数据, 如果关闭了浏览器, 数据就会消失 ..
29          // 单个浏览器窗口页面有效 ..
30     document.getElementById("getsessionStorageId").onclick=function(){
31              var value=window.sessionStorage.getItem("user");
32              alert(value);
33              };
34          // 清除所有的数据
35     document.getElementById("clearsessionStorageId").onclick=function(){
36              window.sessionStorage.clear();
37              };
38     </script>
39 </body>
40 </html>
```

在上述代码中，第 8、9 行代码定义了两个文本框，用于输入姓名和年龄的信息；然后在第 18、19 行代码使用 JavaScript 获取这些信息，并且存放在第 21 行定义的 user 对象中；在第 26 行使用 JSON.stringify() 方法将 user 对象序列号成字符串，存入到 sessionStorage 中，在第 31 行进行获取，这样单击"获取数据"按钮时，便会触发事件，将数据显示到弹出框中。需要注意的是，这里的删除数据使用的是 clear() 方法，该方法可以清除所有数据，而本案例只存了一条数据，所以只删除了一条数据。

打开浏览器，访问 demo2−2.html，页面效果如图 2−5 所示。

图 2−5　demo2−2.html 页面效果

在图 2−5 的中输入信息，姓名 lucy，年龄 21，并且单击第 1 个按钮"sessionStorage 设置数据"，这时数据将被存储到 sessionStorage 中，如图 2−6 所示。

图 2-6　设置数据

单击第 2 个按钮 "sessionStorage 获取数据" 来查看数据是否设置成功，如果成功会显示在弹出框中，如图 2-7 所示。

单击第 3 个按钮 "sessionStorage 清除所有数据"，可以删除该数据，删除后单击获取数据的按钮，弹出框中显示 null，表示删除成功，如图 2-8 所示。

图 2-7　获取数据

图 2-8　删除数据成功

2.1.4　Storage 事件监听

在使用 Web Storage API 存储数据时，当存储的数据发生变化时，会触发 window 对象的 storage 事件，通过监听该事件并指定其事件处理函数，可以定义在其他页面中修改 sessionStorage 或 localStorage 中的值时所要执行的处理。监听 storage 事件的示例代码如下：

```
window.addEventListener("storage",function onStorageChange(event) {
    console.log(event.key);
});
```

在上述代码中，回调函数接收一个 event 对象作为参数。这个 event 对象的 key 属性保存发生变化的键名。

在事件处理函数中，触发事件的事件对象（event 参数值）具有一些属性，如表 2-4 所示。

表 2-4　event 对象属性

属　　性	描　　述
event.key	属性值为在 sessionStorage 或 localStorage 中被修改的数据键值
event.oldValue	属性值为在 sessionStorage 或 localStorage 中被修改前的值
event.newValue	属性值为在 sessionStorage 或 localStorage 中被修改后的值
event.url	属性值为在 sessionStorage 或 localStorage 中值的页面 URL 地址
event.storageArea	属性值为变动的 sessionStorage 对象或 localStorage 对象

需要注意的是，storage 事件并不在导致数据变化的当前页面触发。如果浏览器同时打

开一个域名下面的多个页面，当其中的一个页面改变 sessionStorage 或 localStorage 的数据时，其他所有页面的 storage 事件会被触发，而原始页面并不触发 storage 事件。可以通过这种机制，实现多个窗口之间的通信。IE 浏览器除外，它会在所有页面触发 storage 事件。

■ **多学一招：** sessionStorage、localStorage、cookie

　　sessionStorage、localStorage、cookie 都是在浏览器端存储的数据，其中 sessionStorage 很特别，引入了一个"浏览器窗口"的概念。sessionStorage 是在同源的同窗口（或 tab）中始终存在的数据。也就是说，只要这个浏览器窗口没有关闭，即使刷新页面或进入同源的另一页面，数据仍然存在。关闭窗口后，sessionStorage 即被销毁。同时"独立"打开的不同窗口，即使是同一页面，sessionStorage 对象也是不同的。

2.2　移动 Web 离线应用

　　过去很长一段时间里，浏览器端的应用程序无法完全与 APP 相媲美，一个重要的原因在于，如果断了网，浏览器端的程序就无法运行，所有的工作都必须停止，而 HTML5 的离线应用功能，改变了这一现状。

2.2.1　离线应用简介

　　HTML5 使用 Application Cache 接口提供应用程序缓存技术，这意味着 Web 应用可进行缓存，并在没有网络的情况下轻松地创建离线应用。Application Cache 是从浏览器的缓存中分出来的一块缓存区，要想在这块缓存中保存数据，可以使用一个描述文件列出要下载和缓存的资源，并且通过该缓存的状态手动更新资源文件的缓存。离线缓存功能的使用有一个前提，就是需要访问的 Web 页面至少被在线访问过一次。

　　使用 Application Cache 缓存接口的优势如下：

　　（1）实现离线浏览：用户可在离线时浏览完整的网站。

　　（2）更快的加载速度：缓存资源为本地资源，因此加载速度较快。

　　（3）服务器负载更少：浏览器只会从发生了更改的服务器下载资源。

　　那么，离线应用的存储方式和 2.1 节中讲解的 Web Storage 有什么区别？ localStroage 支持 String 类型的数据的持久化，是否也可以做离线缓存？

　　Web Storage 主要用于浏览器缓存，而 Application Cache 用于存储静态资源，其中 localStorage 在某个场景下可用于离线存储，例如，向客户端保存用户名和密码，但是相比 Application Cache 而言有局限性。对于离线应用，需要缓存的不仅是字符串，还有一些应用程序、图片、CSS 文件等，实现这些功能，使用 Application Cache 更合适。

　　另外，离线存储与浏览器缓存的区别在于：离线存储为 Web 提供服务，而浏览器缓存只缓存单个页面；离线存储可以指定需要缓存的文件，浏览器缓存无法指定。

目前，主流的 Web 浏览器在一定程度上都支持 HTML5 的 Application Cache，如表 2-5 所示。

表 2-5　主流浏览器对 Application Cache 的支持情况

IE	Firefox	Chrome	Safari	Opera
10+	3.0+	10+	4.0+	10.6+

从表 2-5 可以看出，几乎所有主流浏览器都支持 Application Cache，移动设备的浏览器支持情况如表 2-6 所示。

表 2-6　移动浏览器对 Application Cache 的支持情况

iOS Safari	Android Browser	Opera Mobile	Opera Mini
3.2+	2.1+	11+	不支持

在实际开发中，如果考虑代码的严谨性，可以使用如下语句进行检查：

```
if(window.applicationCache){
    // 浏览器支持 applicationCache
}
```

2.2.2　Application Cache 的基本应用

1. manifest 文件

离线应用需要一个清单文件 manifest，manifest 文件是简单的文本文件，可以使用它告知浏览器被缓存的内容（以及不缓存的内容），一般建议该文件的扩展名为 .appcache，当然也可以自定义扩展名。

manifest 文件可分为三部分：

（1）CACHE MANIFEST：在此标题下列出的资源将在首次下载后被缓存。

（2）NETWORK：在此标题下列出的资源会在网络正常时被更新。

（3）FALLBACK：在此标题下列出的资源是当资源无法访问时，要被替换的资源。

manifest 的文件结构如下：

```
CACHE MANIFEST
# 以上这行必须要写

CACHE:
# 这部分写需要缓存的资源文件列表
# 可以是相对路径，也可以是绝对路径
index.html
index.css
images/pic.png
js/script.js
http://www.itheima.com/js/base.js
```

```
NETWORK:
# 可选
# 这一部分是要绕过缓存直接读取的文件
login.html

FALLBACK:
# 可选
# 这部分写当访问缓存失败后，备用访问的资源
# 每行两个文件，第一个是访问源，第二个是替换文件 *.html /offline.html
```

在上述代码中，CACHE MANIFEST 是必需的一项，在其后每一行都标识了一个需要被缓存的文件路径浏览器在首次加载页面时会读取上述文件，并下载和缓存文件中指定的资源，其中"CACHE："可以省略，"NETWORK："和"FALLBACK："为可选项，"CACHE："与"NETWORK：""FALLBACK："的位置顺序没有关系，如果是隐式声明"CACHE："需要在最前面。当一个资源被缓存后，该浏览器直接请求这个绝对路径也会访问缓存中的资源。

2. 如何开启缓存

如果要在某个页面中使用应用缓存功能，只需要在 HTML 标签中添加一个 manifest 属性，并在该属性值中指定 manifest 文件的路径，示例代码如下：

```
<!DOCTYPE html>
<html manifest="/demo.appcache">
    ...
        当前页面开启离线缓存
    ...
</html>
```

在上述代码中，demo.appcache 就是 manifest 文件，在一个站点中的其他页面即使没有设置 manifest 属性，请求的资源如果在缓存中也从缓存中访问。

3. Application Cache 基本使用

下面通过一个图片加载的案例来演示 Application Cache 的基本使用方法，具体步骤如下：

（1）在 chapter02 目录下创建目录 demo2-3，用于存放该案例的所有资源。

（2）demo2-3 目录下创建 images 目录，并在该目录下添加4张图片，如图2-9所示。

图 2-9　案例图片资源

（3）在 demo2-3 目录下创建 manifest 文件 demo.appcache，并在该文件中添加如下

内容。

demo.appcache

```
CACHE MANIFEST
CACHE:
images/img2.jpg
images/img3.jpg
NETWORK:
images/img1.jpg
images/img4.jpg
```

在上述内容中，设置 img2.jpg 和 img3.jpg 需要被缓存，而 img1 和 img4 需要在有网络的情况下进行访问。

（4）使用 manifest 文件前需要在 Web 服务器上配置正确的 MIME-type，mainifest 文件的 MIME-type 为 text/cache-manifest。这个操作是为了让 Web 服务器能够识别扩展名为 ".appcache" 的配置文件，配置一次不删除的情况下可以永久使用，不同的服务器上有所区别。这里以 Windows 系统，6.0 版本的 IIS（Internet Information Services，因特网信息服务）为例来演示添加过程。如果读者计算机中没有安装 IIS，可以上网查找 IIS 的安装过程，这里只介绍添加 MIME-type 的过程：

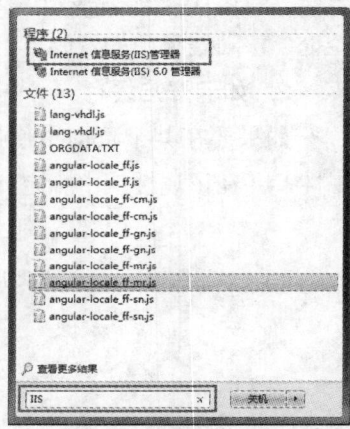

单击"开始"菜单，在"搜索程序和文件"文本框中输入 IIS，如图 2-10 所示。

在图 2-10 中，单击"Internet 信息服务（IIS）管理器"，会打开"Internet 信息服务 (IIS) 管理器"窗口，如图 2-11 所示。

图 2-10　搜索 IIS

图 2-11　Internet 信息服务管理器主页

在图 2-11 中，双击"MIME 类型"，打开"MIME 类型"窗口，如图 2-12 所示。

图 2-12　MIME 类型

在图 2-12 中，单击"添加"按钮，便可以看到添加类型窗口，在窗口中输入内容，如图 2-13 所示。

在图 2-13 中，单击"确定"按钮后，在列表中可以查看添加的内容，如图 2-14 所示。

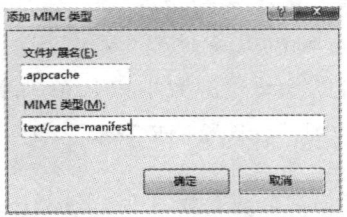

图 2-13　MIME- 类型添加内容　　　　图 2-14　MIME- 类型列表

（5）在 demo2-3 目录下创建要使用缓存功能的界面 appcache.html，并在该文件中添加如下代码：

appcache.html

```
1  <!DOCTYPE html>
2  <html lang="en" manifest="demo.appcache">
3  <head>
4      <meta charset="UTF-8">
5      <title>Application Cache</title>
6  </head>
7  <body>
8      <img src="images/img1.jpg">
9      <img src="images/img2.jpg">
10     <img src="images/img3.jpg">
11     <img src="images/img4.jpg">
```

```
12 </body>
13 </html>
```

在上述代码中，第 2 行开启了 Application Cache，引入了 manifest 文件 demo.appcache，在第 8~11 行引入了 4 张图片文件。

打开 Chrome 浏览器，访问 appcache.html，页面效果如图 2-15 所示。

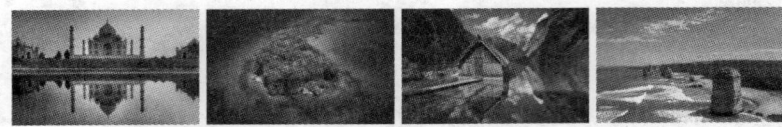

图 2-15　appcache.html 页面效果

按【F12】键，可以打开 Chrome 的开发者工具，单击 Network 选项，可以看到网页中资源第一次加载的情况，如图 2-16 所示。

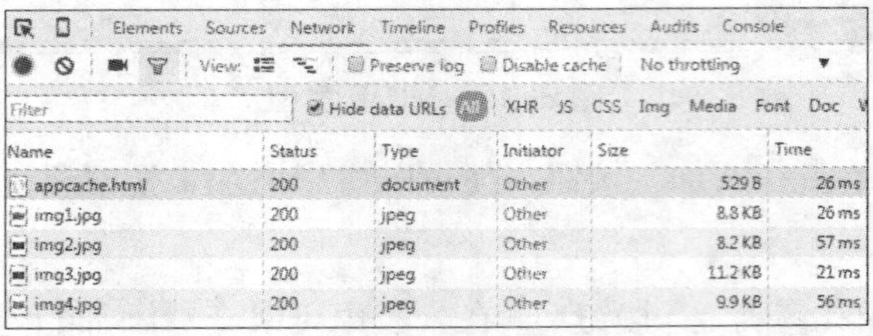

图 2-16　首次加载

在图 2-16 中，可以看到需要加载的资源有 appcache.html 本身和 4 张图片，可见系统会自动缓存引用清单文件的 HTML 文件，观察各资源的 Size 资源大小和 Time 加载时间，这时，按下【F5】键，刷新页面，重新观察 Network 选项，如图 2-17 所示。

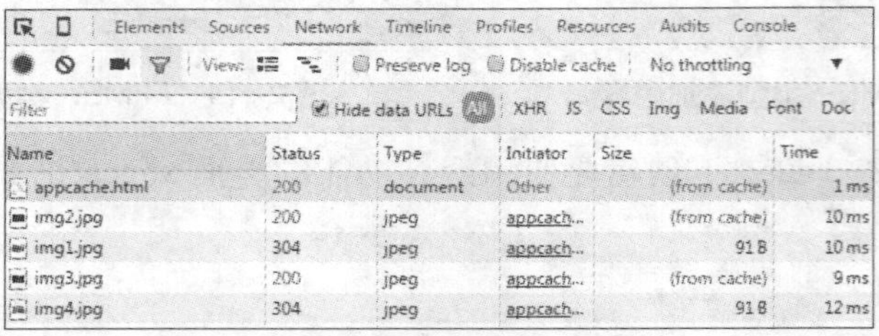

图 2-17　刷新页面

在图 2-17 中可以看到，Size 资源大小和 Time 加载时间的变化，其中 appcache.html、img1.jpg 和 img3.jpg 的 Size 均变为"(from cache)"，可见浏览器请求数据是先从缓存中获取的，同时对比图 2-16 中的 Time，从缓存中获取的用时更短。

2.2.3　applicationCache 对象

applicationCache 对象是 window 对象的直接子对象，该对象的引用为：window.applicationCache，基类为 DOMApplicationCache。在 applicationCache 对象中提供了很多事件、属性和方法供开发者使用，常用事件如表 2-7 所示。

表 2-7　applicationCache 对象的事件

事　件	触　发　条　件
checking	用户代理检查更新或者在第一次尝试下载 manifest 文件时，本事件往往是事件队列中第一个被触发的
noupdate	检测出 manifest 文件有没有更新
downloading	用户代理发现更新并且正在取资源，或者第一次下载 manifest 文件列表中列举的资源
progress	用户代理正在下载 manifest 文件中需要缓存的资源
cached	manifest 中列举的资源已经下载完成，并且已经缓存
updateready	manifest 中列举的文件已经重新下载并更新成功，此后可以使用 swapCache() 方法更新到应用程序中
obsolete	manifest 的请求出现 404 或者 410 错误，应用程序缓存被取消
error	manifest 的请求出现 404 或者 410 错误，更新缓存的请求失败
	manifest 文件没有改变，但是页面引用的 manifest 文件没有被正确地下载
	在取 manifest 列举的资源的过程中发生致命的错误
	在更新过程中 manifest 文件发生变化

application 对象的 status 属性用于返回缓存的状态，可选值如表 2-8 所示。

表 2-8　applicationCache 对象的属性

可　选　值	匹　配　常　量	描　述
0	appCache.UNCACHED	未缓存
1	appCache.IDLE	闲置
2	appCache.CHECKING	检查中
3	appCache.DOWNLOADING	下载中
4	appCache.UPDATEREADY	已更新
5	appCache.OBSOLETE	失效

application 对象中还有一些方法，如表 2-9 所示。

表 2-9　applicationCache 对象的方法

方　法	描　述
update()	发起应用程序缓存下载进程
abort()	取消正在进行的缓存下载
swapcache()	切换成本地最新的缓存环境

2.2.4　离线缓存更新

用户的浏览器更新 Applicationcache 的方法有以下两种：

1. 更新 manifest 文件

浏览器发现 manifest 文件本身发生变化，便会根据新的 manifest 文件去获取新的资源进行缓存。当 manifest 文件列表并没有变化时，通常通过修改 manifest 注释的方式来改变文件，从而实现更新。

2. 通过 JavaScript 操作

浏览器提供了 Application Cache 供 JavaScript 代码访问，通过对 applicationCache 对象的操作也能达到更新缓存的目的。

```
var appCache=window.applicationCache;
appCache.update();                // 尝试更新缓存
...

if(appCache.status==window.applicationCache.UPDATEREADY) {
  appCache.swapCache();           // 更新成功后  切换到新的缓存
}
```

另外，若用户想要更新缓存，可以通过删除缓存文件的方式来清除缓存。

2.3 HTML5 画布

在 HTML5 之前，网页显示图像是用 jpg、png 等嵌入式图像格式。动画通常是由 Flash 实现的。图像显示会拖慢页面加载速度，Flash 依赖于第三方也会出现一些用户无法解决的问题。现在出现了两种新的图形格式 canvas 和 svg，并且 HTML5 对它们提供了非常好的支持，其中，canvas 为 HTML5 的新增元素，本节将对 canvas 的用法进行详细介绍。

2.3.1 初识 canvas

canvas 的中文意思为画布，现实生活中的画布是用来作画的，HTML5 中的 canvas 与之类似，可以称其为 "网页中的画布"，有了这个画布便可以轻松地在网页中绘制图形、表格、文字、图片等。

1. 创建画布

HTML5 中提供了 <canvas> 标签，使用 <canvas> 标签可以在网页中创建一个矩形区域的画布，它本身不具有绘制功能，可以通过 JavaScript 操作绘制图形的 API 进行绘制操作。

在网页中创建一个画布的语法如下所示：

```
<canvas id="cavsElem" width="400" height="300">您的浏览器不支持 canvas</canvas>
```

在上面语法中，定义 id 属性是为了在 JavaScript 代码中引用元素。标签中间的文字在浏览器不支持 canvas 的情况下才会显示。<canvas> 标签与 <img> 标签一样，有两个原生属性 width 和 height，默认 300×150 像素，没有单位的值将会被忽略不计。另外，不要用 CSS 控制它的宽和高，否则可能会引起画布上的图形变形。

要在画布中绘制图形，首先要通过 JavaScript 的 getElementById() 函数获取到网页中的画布对象，代码如下：

```
var canvas=document.getElementById('cavsElem');
```

canvas 画布默认为透明，背景色可以自定义。

2. 准备画笔

有了画布之后，要开始作画需要准备一只画笔，这只画笔就是 context 对象。context

对象是画布的上下文，也叫作绘制环境，是所有的绘制操作 API 的入口。该对象可以使用 JavaScript 脚本获得，具体语法如下：

```
var context=canvas.getContext('2d');
```

在上面语法中参数 2d 代表画笔的种类，这里用来执行二维操作，三维操作也是存在的，可以把参数替换为 webgl，三维操作目前还没有广泛应用，了解即可。

3. 坐标和起始点

2d 代表一个平面，绘制图形时需要在平面上确定起始点，也就是"从哪里开始画"，这个点需要通过坐标来控制，canvas 的坐标系从最左上角"0，0"开始。x 轴向右增大，y 轴向下增大，如图 2-18 所示。

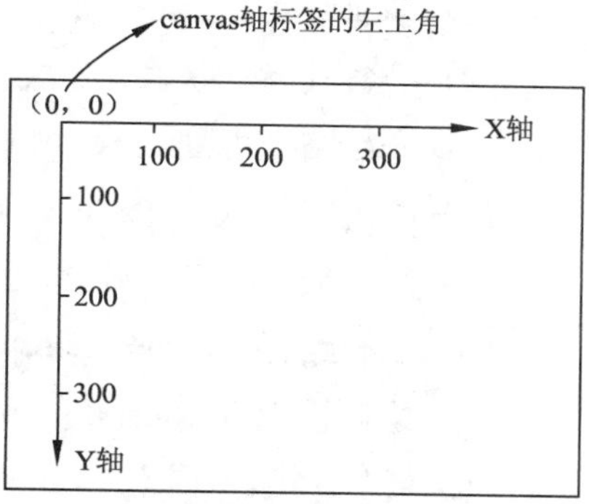

图 2-18　canvas 的坐标系说明图

设置上下文绘制路径起点的代码如下：

```
var context=canvas.getContext('2d');
context.moveTo(x,y);
```

在上述语法中，x、y 都是相对于 canvas 画布的最左上角。使用 context 对象的 moveTo() 方法进行设置，相当于移动画笔到某个位置。

4. 绘制线条

在 canvas 中使用 lineTo() 方法绘制直线，代码如下：

```
context.lineTo(x,y);
```

在上面语法中，"x,y"为线头点坐标，lineTo() 方法用于定义从"x,y"的位置绘制一条直线到起点或者上一个线头点。

5. 路径

路径是所有图形绘制的基础，例如绘制直线确定了起始点和线头点后，便形成了一条绘制路径。如果绘制复杂路径，必须使用开始路径和闭合路径的方法，代码如下：

```
context.beginPath();      // 开始路径
context.closePath();      // 闭合路径
```

开始路径的核心作用是将不同线条绘制的形状进行隔离，每次执行此方法，表示重新绘制一个路径，同之前绘制的路径可以分开样式设置和管理；闭合路径会自动把最后的线头和开始的线头连在一起。

6. 描边

在 canvas 图形绘制中，路径只是草稿，真正绘制线必须执行 stroke() 方法根据路径进行描边，代码如下：

```
context.stroke();
```

有了以上内容作为基础，就可以利用 Canvas 绘制一个图形，基本步骤如下：

（1）创建画布：<canvas></canvas>。

（2）准备画笔（获取上下文对象）：canvas.getContext('2d');。

（3）开始路径规划：context.beginPath();。

（4）移动起始点：context.moveTo(x, y);。

（5）绘制线 (矩形、圆形、图片 ...)：context.lineTo(x, y);。

（6）闭合路径：context.closePath();。

（7）绘制描边：context.stroke();。

下面通过一个案例来演示如何在页面中绘制一个三角形，如 demo2-4.html 所示。

demo2-4.html

```
1  <!DOCTYPE html>
2  <html>
3  <head lang="en">
4      <meta charset="UTF-8">
5      <title>Canvas 绘制三角形 </title>
6  </head>
7  <body>
8  <canvas id="cavsElem">
9      你的浏览器不支持 canvas，请升级浏览器
10 </canvas>
11 <script>
12     //=============== 基本绘制API====================
13     // 获得画布
14     var canvas=document.getElementById('cavsElem');
15     var context=canvas.getContext('2d');      // 获得上下文
16     // 设置标签的属性宽高和边框
17     canvas.width=900;
18     canvas.height=600;
19     canvas.style.border="1px solid #000";
20     // 绘制三角形
21     context.beginPath();                      // 开始路径
22     context.moveTo(100,100);                  // 三角形，左顶点
23     context.lineTo(300,100);                  // 右顶点
24     context.lineTo(300,500);                  // 底部的点
25     context.closePath();                      // 结束路径
26     context.stroke();                         // 描边路径
27 </script>
28 </body>
29 </html>
```

用浏览器打开 demo2-4.html，页面效果如图 2-19 所示。

在 demo2-4 中，使用 JavaScript 为画布设置了宽高和边框，然后通过坐标确定了三角形的 3 个点，规划了绘制路径，最后进行描边操作，成功地绘制了一个三角形。

7. 填充

在 demo2-4 中绘制了一个只有边框的空三角形，canvas 中提供了用于填充当前图形（闭合路径）的方法：

```
context.fill();
```

在 demo2-4 中进行描边操作之后添加上述填充方法，页面效果如图 2-20 所示。

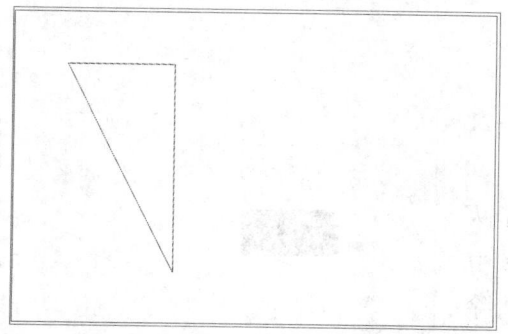 

图 2-19　demo2-4.html 页面效果　　　　　图 2-20　三角形填充后效果

2.3.2　利用 canvas 绘制矩形和清除矩形

在 2.3.1 节中，介绍了利用 canvas 绘制图形的基本步骤，getContext("2d") 对象作为 HTML5 的内建对象，它还提供了快速绘制矩形、圆形、字符，以及添加图像的方法。例如，分别使用 strokeRect() 方法和 fillRect() 方法来绘制矩形边框和填充矩形，代码如下：

```
context.strokeRect(x,y,width,height);        // 绘制矩形边框
context.fillRect(x,y,width,height);          // 绘制填充矩形
```

在上面语法中，x、y 代表矩形起点的横纵坐标，width 和 height 代表要绘制矩形的宽和高，需要注意的是两个方法可以单独使用，如 demo2-5.html 所示。

demo2-5.html

```
1  <!DOCTYPE html>
2  <html>
3  <head lang="en">
4      <meta charset="UTF-8">
5      <title>绘制矩形 </title>
6  </head>
7  <body>
8  <canvas id="cavsElem">
9      你的浏览器不支持 canvas，请升级浏览器
10 </canvas>
11 <script>
```

```
12      //=============== 绘制矩形 ===================
13      // 获得画布
14      var canvas=document.getElementById('cavsElem');
15      var context=canvas.getContext('2d');    // 获得上下文
16      // 设置标签的属性宽高和边框
17      canvas.width=900;
18      canvas.height=600;
19      canvas.style.border="1px solid #000";
20      // 绘制矩形
21      context.strokeRect(200,50,200,100);
22      context.fillRect(200,200,200,100);
23 </script>
24 </body>
25 </html>
```

用浏览器打开 demo2−5.html，页面效果如图 2−21 所示。

在 demo2−5 中，通过坐标的不同，绘制了两个不同位置的矩形边框和填充矩形。在 canvas 中还有一个相当于橡皮擦的方法，使用它可以清除矩形内绘制的内容，语法如下：

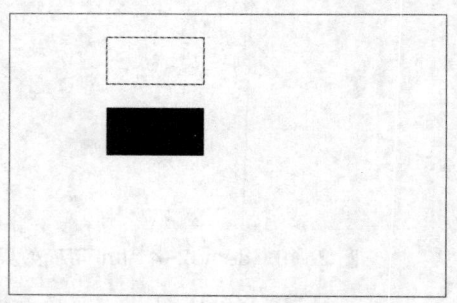

图 2−21　demo2−5.html 页面效果

```
context.clearRect(x,y,width,height)
```

在上面语法中，x、y 代表要清除矩形起点的横纵坐标，width 和 height 代表要清除矩形的宽和高，具体用法如 demo2−6.html 所示。

demo2−6.html

```
1  <!DOCTYPE html>
2  <html>
3  <head lang="en">
4      <meta charset="UTF-8">
5      <title> 清除矩形 </title>
6  </head>
7  <body>
8  <canvas id="cavsElem">
9      你的浏览器不支持 canvas, 请升级浏览器
10 </canvas>
11 <script>
12      //=============== 清除矩形 ===================
13      // 获得画布
14      var canvas=document.getElementById('cavsElem');
15      var context=canvas.getContext('2d');    // 获得上下文
16      // 设置标签的属性宽高和边框
17      canvas.width=900;
18      canvas.height=600;
19      canvas.style.border="1px solid #000";
```

```
20      // 绘制矩形
21      context.strokeRect(200,50,200,100);
22      context.fillRect(200,200,200,100);
23      // 清除矩形
24      context.clearRect(100,100,200,150);
25 </script>
26 </body>
27 </html>
```

用浏览器打开 demo2-6.html，页面效果如图 2-22 所示。

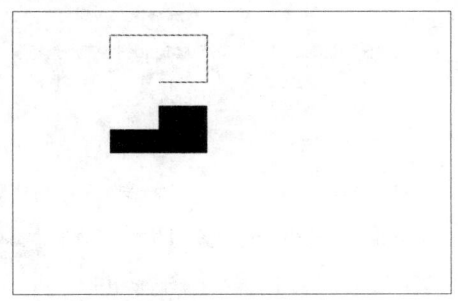

图 2-22　demo2-6.html 页面效果

在图 2-22 中，两个矩形中缺少的部分为被清除的矩形区域，画布上的任意图形都可以用这样的方式来清除。

2.3.3　利用 canvas 绘制圆形

在 canvas 中可以使用 arc() 方法来绘制弧形和圆形，具体语法如下：

```
context.arc(x,y,radius,startAngle, endAngle,bAntiClockwise);
```

上述语法中，x、y 代表 arc 的中心点；radius 代表圆形半径的长度；startAngle 代表以 starAngle 开始（弧度），endAngle 代表以 endAngle 结束（弧度）；bAntiClockwise 代表是否是逆时针，设置为 true 意味着弧形的绘制是逆时针方向的， false 则为顺时针进行。

下面通过一个案例来演示如何使用 arc() 方法绘制圆形和弧形，如 demo2-7.html 所示。

demo2-7.html

```
1  <!DOCTYPE html>
2  <html>
3  <head lang="en">
4      <meta charset="UTF-8">
5      <title>绘制圆形和弧形</title>
6  </head>
7  <body>
8  <canvas id="cavsElem" width='400' height="300">
9      你的浏览器不支持 canvas，请升级浏览器
10 </canvas>
11 <script>
```

```
12         // 绘制圆形
13         // 获得画布和上下文对象
14      var context=document.getElementById('cavsElem').getContext('2d');
15      context.beginPath();                          // 开始路径
16    context.arc(100,100,100,0,2*Math.PI,true);      // 绘制圆形, true 逆时针
17    context.closePath();                            // 关闭路径
18    context.fillStyle = 'pink';                     // 设置填充颜色
19    context.fill();                                 // 填充
20      // 绘制弧形
21    context.beginPath();                            // 开始路径
22    context.strokeStyle = "#fff";                   // 设置描边颜色
23    context.lineWidth = 5;                          // 设置线的粗细
24    context.arc(100,100,25,Math.PI/6,5*Math.PI/6,false);   // 绘制弧形,
25    context.stroke();                               // 描边
26  </script>
27  </body>
28  </html>
```

用浏览器打开 demo2-7，页面效果如图 2-23 所示。

在 demo2-7 中，fillStyle() 方法用于设置图形的填充颜色，strokeStyle() 方法用于设置描边的颜色，lineWidth 属性用于设置线条的粗细（以像素为单位）。这些样式设置同样可以应用于其他任意图形。arc() 方法的参数中，bAntiClockwise 设置为 false，代表要绘制一个弧形，使用 Math.PI 来获取圆周率 π 的值，并且使用它来计算弧度值。特殊角度数和弧度数对应如表 2-10 所示。

图 2-23　demo2-7.html 页面效果

表 2-10　角度数和弧度数对比

度	0°	30°	45°	60°	90°	120°	135°	150°	180°	270°	360°
弧度	0	π/6	π/4	π/3	π/2	2π/3	3π/4	5π/6	π	3π/2	2π

2.3.4　利用 canvas 绘制图片

canvas 中的绘制图片其实就是把一幅图放在画布上，语法如下：

```
context.drawImage(image, dx, dy)                              // 绘制原图
context.drawImage(image, dx, dy, dWidth, dHeight)             // 缩放绘图
context.drawImage(image,sx,sy,sWidth,sHeigh,dx,dy,dWidth,dHeight)   // 切片绘图
```

在上述语法中，image 代表图片的来源，dx、dy 代表在目标中的坐标，sx、sy 是 Image 在源中的起始坐标，sWidh、sHeight 是源中图片的宽和高，dWidth、dHeight 是目标的宽和高。

drawImag() 方法的常用方式是绘制原图，如 demo2-8.html 所示。

demo2-8.html

```
1   <!DOCTYPE html>
2   <html>
3   <head lang="en">
4       <meta charset="UTF-8">
5       <title> 绘制图片 </title>
6   </head>
7   <body>
8   <canvas id="cavsElem" width="400" height="300" >
9       你的浏览器不支持 canvas, 请升级浏览器
10  </canvas>
11  <script type="text/javascript">
12      // 获得画布
13      var canvas=document.getElementById('cavsElem');
14      // 设置画布边框
15      canvas.style.border="1px solid #000";
16      // 获取上下文
17      var context=canvas.getContext('2d');
18      // 创建图片对象
19      var img=new Image();
20      // 设置图片路径
21      img.src="demo2-3/images/img1.jpg";
22      // 当页面加载完成使用此图片
23      img.onload = function(){
24          // 使用 canvas 绘制图片
25          context.drawImage(img,0,0);
26      };
27  </script>
28  </body>
29  </html>
```

打开浏览器，访问 demo2-8.html，页面效果如图 2-24 所示。

图 2-24　demo2-8.html 页面效果

在 demo2-8.html 中，必须使用图片对象的 onload 事件，否则是看不到运行效果的，因为绘制图片的基础是这个图片已经被加载。

2.3.5 利用 canvas 其他方法

canvas 中提供的有关图形绘制的方法还有很多，这里不能一一列举，但是有必要介绍几个常用的方法，具体如下：

1. clip() 方法

clip() 方法用于从原始画布剪切任意形状和尺寸的区域，具体使用方法如 demo2-9.html 所示。

demo2-9.html

```
1  <!DOCTYPE html>
2  <html>
3  <head lang="en">
4      <meta charset="UTF-8">
5      <title>clip() 剪切任意形状和尺寸区域</title>
6  </head>
7  <body>
8  <canvas id="cavsElem" width="400" height="300" >
9      你的浏览器不支持 canvas，请升级浏览器
10 </canvas>
11 <script>
12     // 获得画布
13     var canvas=document.getElementById('cavsElem');
14     // 设置画布边框
15     canvas.style.border="1px solid #000";
16     // 获取上下文
17     var context = canvas.getContext('2d');
18     // 剪切矩形区域
19     context.rect(50,20,200,120);//(x,y,width,height)
20     context.stroke();          // 描边
21     context.clip();
22     // 在 clip() 之后绘制圆形，只有被剪切区域的内圆形可见
23     context.arc(200,100,70,0,2*Math.PI,true);
       //(x,y, 半径，开始弧度，结束弧度，true 代表逆时针绘制圆形 )
24     context.fillStyle="pink";
25     context.fill();            // 填充
26 </script>
27 </body>
28 </html>
```

用 Chrome 浏览器打开 demo2-9.html，页面效果如图 2-25 所示。

2. save() 和 restore() 方法

在 canvas 绘制图形的过程中，有时网页需要多次显示相同的效果，例如绘制圆形后绘制矩形，然后在触发某个事件时需要回到绘制圆形的状态，这时就用到了 save() 和 restore() 方法，save() 用来保存画布的绘制状态，例如保存绘制一个圆形的状态，当绘制矩形后需

要回到之前的状态，这时可以使用 restore() 方法。restore() 方法用于移除自上一次调用 save() 方法所添加的任何效果。

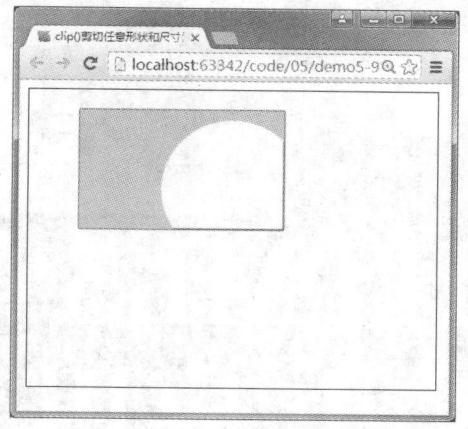

图 2-25　demo2-9.html 页面效果

小结

本章首先介绍了 HTML5 的网络存储和移动 Web 离线应用，其中网络存储主要针对的是浏览器端的应用，而移动 Web 离线应用在实际开发中大多应用在 APP 中，然后讲解了 HTML5 画布的应用。

网络存储主要介绍 Web Storage API 中的 localStorage、sessionStorage 和 Storage 事件监听，这里要求读者掌握它们的使用及 localStorage、sessionStorage 之间的区别。移动 Web 离线应用主要介绍 Application Cache 的基本使用、applicationCache 对象的事件、属性和方法，以及离线缓存的更新；HTML5 画布部分主要讲解了绘制图形的步骤和一些常用的快捷绘制图形的方式，如绘制矩形、图片、圆形。

学习本章内容后，要求读者掌握 Application Cache 和 HTML5 画布的基本应用方法，其他内容进行了解，在应用时查询相关 API 即可。

【思考题】

1. 简述 Web Storage 具有哪些特点。
2. 简述 manifest 文件可分哪三部分，并说明每部分的作用。

第 3 章

基于 HTML5 的移动 Web 应用（下）

本章将继续讲解基于 HTML5 的移动 Web 技术，包括多媒体、Geolocation 地理定位、拖曳和文件操作。

【学习导航】

学习目标	（1）掌握 <video> 标签和 <audio> 标签的使用方法 （2）掌握 Geolocation API 的使用方法 （3）掌握 HTML5 的拖曳操作 （4）掌握文件操作
学习方式	以理论讲解、案例编码演示为主
重点知识	（1）<video> 标签和 <audio> 标签 （2）Geolocation API 的使用方法 （3）HTML5 的拖曳操作 （4）文件操作
关键词	<video>、<audio>、Geolocation API、draggable、file

3.1 视频与音频

在 HTML5 之前，网页中只能处理文字和图像数据，在 HTML5 中为网页提供了处理视频数据和音频数据的能力，本节针对 HTML5 提供的音频与视频处理标签进行详细讲解。

3.1.1 <video> 标签的使用

在 HTML5 中，使用 <video> 标签来定义视频播放器，它不仅是一个播放视频的标签，其控制栏还实现了包括播放、暂停、进度和音量控制、全屏等功能，更重要的是用户可以自定义这些功能和控制栏的样式。

视频可以理解为一系列连续的图片，<video> 标签的使用方法与 <img> 标签非常相似，具体语法如下：

```
<video src=" 视频文件路径 " controls>你的浏览器不支持 video 标签 </video>
```

在上面语法中，src 属性用于设置视频文件的路径，也可以为该标签设置 width 和 height 的值，controls 属性用于为视频提供播放控件，src 和 controls 是 <video> 标签的基本属性。并且，<video> 和 </video> 之间还可以插入文字，用于在浏览器不能支持时显示。

使用 <img> 标签时会涉及图片格式的问题，如 jpg、gif 等，视频文件也有不同的格式，<video> 标签支持以下 3 种视频格式：

（1）Ogg：带有 Theora 视频编码和 Vorbis 音频编码的 Ogg 文件。

（2）MPEG 4：带有 H.264 视频编码和 AAC 音频编码的 MPEG 4 文件。

（3）WebM：带有 VP8 视频编码和 Vorbis 音频编码的 WebM 文件。

浏览器对视频文件的支持情况如表 3−1 所示。

表 3−1　浏览器对视频文件的支持情况

视 频 格 式	IE 9	Firefox 4.0	Opera 10.6	Chrome 6.0	Safari 3.0
Ogg		支持	支持	支持	
MPEG 4	支持			支持	支持
WebM		支持	支持	支持	

src 属性其实就是 source 的缩写，这里指的是路径。从表 3−1 中可以看出，到目前为止，没有一种视频格式让所有浏览器都支持，为此，HTML5 中提供了 <source> 标签，用于指定多个备用的不同格式的文件路径，语法如下：

```
<video controls>
    <source src=" 视频文件地址 " type=" video/ 格式 ">
    <source src=" 视频文件地址 " type=" video/ 格式 ">
    …
</video>
```

对 <video> 标签有了基本了解后，下面通过一个案例来演示 <video> 标签的具体使用方法，如 demo3−1.html 所示。

demo3-1.html

```
1  <!DOCTYPE html>
2  <html>
3  <head>
4  <meta charset="utf-8">
5  <title>video 元素 </title>
6  </head>
7  <body>
8  <video src="video/movie.mp4"> 您的浏览器不支持 video 标签 </video><br/><br/>
9  <video src="video/movie.mp4" controls> 您的浏览器不支持 video 标签 </video>
10 </body>
11 </html>
```

用浏览器打开 demo3-1.html，页面效果如图 3-1 所示。

在图 3-1 中，上面部分是 <video> 标签不添加 controls 属性的效果，controls 属性用于设置或返回浏览器应当显示标准的音视频控件。单击▶播放按钮，视频开始播放，如图 3-2 所示。

图 3-2 下方为标准的音视频控件，包括 7 项功能：播放、暂停、进度条、音量、全屏切换（供视频）、字幕（当可用时）、轨道（当可用时）。没有音视频控件的情况下视频也是可以播放的，可以利用 <video> 标签的 autoplay 属性，设置视频自动播放，如 demo3-2.html 所示。

图 3-1　demo3-1 页面效果

demo3-2.html

```
1  <!DOCTYPE html>
2  <html>
3  <head>
4  <meta charset="utf-8">
5  <title>video 元素 </title>
6  </head>
7  <body>
8  <video src="video/movie.mp4" autoplay> 您的浏览器不支持 video 标签
9  </video><br/><br/>
10 <video src="video/movie.mp4" controls> 您的浏览器不支持 video 标签 </video>
11 </body>
12 </html>
```

用浏览器打开 demo3-2.html，页面效果如图 3-3 所示。

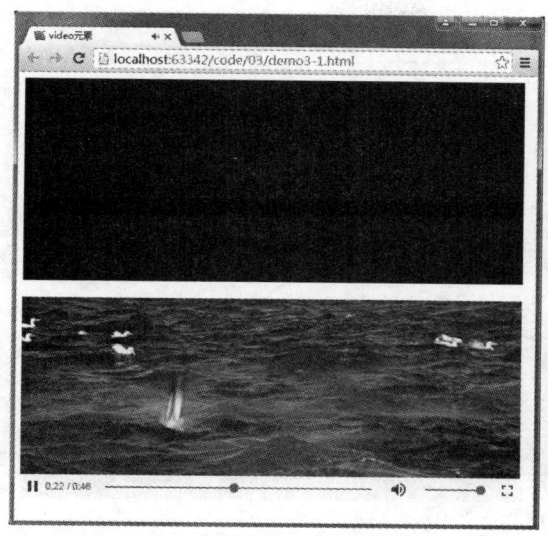

图 3-2　视频开始播放的效果

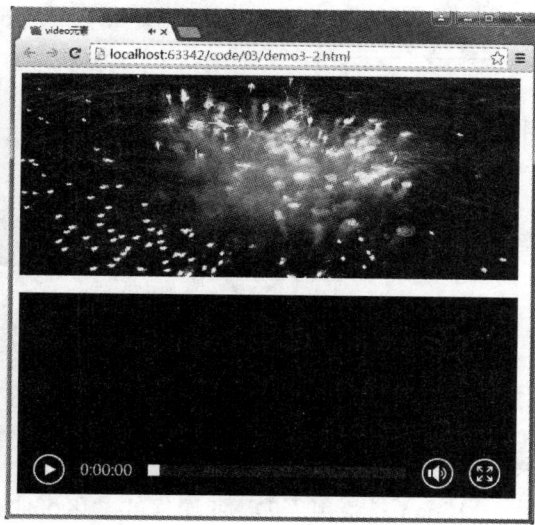

图 3-3　demo3-2 页面效果

在图 3-3 中，上面的视频设置了自动播放，<video> 标签还支持循环播放的功能，也是通过属性来控制。<video> 标签用于控制视频播放的常用属性如表 3-2 所示。

表 3-2　<video> 标签用于视频播放的常用属性

属　性	允许取值	取　值　说　明
autoplay	autoplay	如果出现该属性，则视频在就绪后马上播放
controls	controls	如果出现该属性，则向用户显示控件，比如播放按钮
height	pixels	设置视频播放器的高度
loop	loop	如果出现该属性，则当媒体文件播放完后再次开始播放
preload	preload	如果出现该属性，则视频在页面加载时进行加载，并预备播放。如果使用 autoplay，则忽略该属性
src	url	要播放的视频的 URL
width	pixels	设置视频播放器的宽度

3.1.2　HTML DOM Video 对象

HTML5 为 Video 对象提供了用于 DOM 操作的方法和事件，常用方法如表 3-3 所示。

表 3-3　Video 对象的常用方法

方　　法	描　　述
load()	加载媒体文件，为播放做准备。通常用于播放前的预加载，也会用于重新加载媒体文件
play()	播放媒体文件。如果视频没有加载，则加载并播放；如果视频是暂停的，则变为播放
pause()	暂停播放媒体文件
canPlayType()	测试浏览器是否支持指定的媒体类型

Video 对象用于 DOM 操作的常用属性，如表 3-4 所示。

表 3-4　Video 对象的常用属性

属　　性	描　　述
currentSrc	返回当前视频的 URL
currentTime	设置或返回视频中的当前播放位置（以秒计）
duration	返回视频的长度（以秒计）
ended	返回视频的播放是否已结束
error	返回表示视频错误状态的 MediaError 对象
paused	设置或返回视频是否暂停
muted	设置或返回是否关闭声音
volume	设置或返回视频的音量
height	设置或返回视频的高度值
width	设置或返回视频的宽度值

Video 对象用于 DOM 操作的常用事件如表 3-5 所示。

表 3-5　Video 对象的常用事件

事　　件	描　　述
play	当执行方法 play() 时触发
playing	正在播放时触发
pause	当执行了方法 pause() 时触发
timeupdate	当播放位置被改变时触发
ended	当播放结束后停止播放时触发
waiting	在等待加载下一帧时触发
ratechange	在当前播放速率改变时触发
volumechange	在音量改变时触发
canplay	以当前播放速率，需要缓冲时触发
canplaythrough	以当前播放速率，不需要缓冲时触发
durationchange	当播放时长改变时触发
loadstart	在浏览器开始在网上寻找数据时触发
progress	当浏览器正在获取媒体文件时触发
suspend	当浏览器暂停获取媒体文件，且文件获取并没有正常结束时触发
abort	当中止获取媒体数据时触发。但这种中止不是由错误引起的
error	当获取媒体过程中出错时触发
emptied	当所在网络变为初始化状态时触发
stalled	浏览器尝试获取媒体数据失败时触发
loadedmetadata	在加载完媒体元数据时触发
loadeddata	在加载完当前位置的媒体播放数据时触发
seeking	浏览器正在请求数据时触发
seeked	浏览器停止请求数据时触发

　　了解了 Video 对象的属性、方法和事件后，下面通过一个案例来演示如何用 JavaScript 代码操作 Video 对象，具体使用方法如 demo3-3.html 所示。

demo3−3.html

```
1  <!DOCTYPE html>
2  <html>
3  <head>
4  <meta charset="utf-8">
5  <title>JavaScript 操作 video 对象 </title>
6  </head>
7  <body>
8  <video id="myVideo" src="video/myVideo.ogv"> 您的浏览器不支持 video 标签
   </video>
9  <br/><br/>
10 <input  type="button" value=" 播放 / 暂停 " onclick="playPause()"/>
11 </body>
12 <script>
13     var myVideo=document.getElementById("myVideo");
14     function playPause()
15     {
16         if(myVideo.paused)
17             myVideo.play();
18         else
19             myVideo.pause();
20     }
21 </script>
22 </html>
```

用浏览器打开 demo3−3.html，页面效果如图 3−4 所示。

图 3−4　demo3−3 页面效果

在 demo3−3.html 中，定义了一个用于控制播放或者暂停的按钮，然后为该按钮的 onclick 事件定义方法 playPause ()，使用 JavaScript 中的 if 条件语句进行状态判断，当该播放器的状态为暂停（默认没有播放的视频会被识别为暂停状态）时调用 play() 方法，切换为播放，单击"播放 / 暂停"按钮会切换到播放的状态，如图 3−5 所示。

图 3-5 播放状态

再次单击"播放/暂停"按钮会切换到暂停状态。

3.1.3 <audio> 标签的使用

目前，在网页中播放音频没有固定的标准，大多数音频是通过插件（比如 Flash）来播放的，但并非所有浏览器都有同样的插件，HTML5 中提供 <audio> 标签来定义 Web 上的声音文件或音频流。其使用方法与 <video> 标签基本相同，语法如下：

```
<audio src=" 音频文件路径 " controls>您的浏览器不支持 audio 标签 </audio>
```

<audio> 标签同样支持引入多个音频源，提到多个音频源就涉及音频的格式问题，当前 <audio> 标签支持以下 3 种格式：

（1）Vorbis：类似 ACC（Advanced Audio Coding，高级音频编码）的另一种免费、开源的音频编码，是用于替代 MP3 的下一代音频压缩技术。

（2）MP3：一种音频压缩技术，其全称是动态影像专家压缩标准音频层面 3（Moving Picture Experts Group Audio Layer III），简称为 MP3。它被设计用来大幅度地降低音频数据量。

（3）Wav：录音时用的标准的 Windows 文件格式，文件的扩展名为 WAV，数据本身的格式为 PCM 或压缩型，属于无损音乐格式的一种。

与视频的支持情况相似，目前没有一种浏览器支持所有的音频格式，具体如表 3-6 所示。

表 3-6 浏览器对音频文件的支持情况

音 频 格 式	IE 9	Firefox 4.0	Opera 10.6	Chrome 6.0	Safari 3.0
Ogg Vorbis		支持	支持	支持	
MP3	支持			支持	支持
Wav		支持	支持		支持

多个音频源使用 <source> 标签来定义，语法如下：

```
<audio controls>
  <source src=" 音频文件路径 " type="audio/ 格式 ">
  <source src=" 音频文件路径 " type="audio/ 格式 ">
          您的浏览器不支持 audio 标签
</audio>
```

<audio> 标签中也包含很多用于控制音频播放的常用属性，如表 3−7 所示。

表 3−7　<audio> 标签的属性

属　　性	允　许　取　值	取　值　说　明
autoplay	autoplay	如果出现该属性，则音频在就绪后马上播放
controls	controls	如果出现该属性，则向用户显示控件，比如播放按钮
loop	loop	如果出现该属性，则每当音频结束时重新开始播放
preload	preload	如果出现该属性，则音频在页面加载时进行加载，并预备播放。如果使用 autoplay，则忽略该属性
src	url	要播放的音频的 URL

从表 3−7 中可以看出，与 <video> 标签相比，<audio> 标签没有 width 和 height 属性，其他属性名称都相同。

<audio> 标签的具体用法如 demo3−4.html 所示。

demo3−4.html

```
1  <!DOCTYPE html>
2  <html>
3  <head>
4      <meta charset="utf-8">
5      <title>audio 标签的使用 </title>
6  </head>
7  <body>
8  <audio src="audio/music.mp3" controls></audio>
9  </body>
10 </html>
```

用浏览器打开 demo3−4.html，页面效果如图 3−6 所示。

图 3−6 所示的音频播放器效果类似于视频播放器的播放控件，在不添加 controls 属性的情况下页面看到的应该是空白，可以通过 JavaScript 控制音频的播放。

图 3−6　demo3−4 页面效果

3.1.4　HTML DOM Audio 对象

HTML5 为 Audio 对象提供了用于 DOM 操作的方法和事件，常用方法如表 3−8 所示。

表 3-8　Audio 对象的常用方法

方　　法	描　　述
load()	加载媒体文件，为播放做准备。通常用于播放前的预加载，也会用于重新加载媒体文件
play()	播放媒体文件。如果音频没有加载，则加载并播放；如果音频是暂停的，则变为播放
pause()	暂停播放媒体文件
canPlayType()	测试浏览器是否支持指定的媒体类型

Audio 对象用于 DOM 操作的常用属性，如表 3-9 所示。

表 3-9　Audio 对象的常用属性

属　　性	描　　述
currentSrc	返回当前音频的 URL
currentTime	设置或返回音频中的当前播放位置（以秒计）
duration	返回音频的长度（以秒计）
ended	返回音频的播放是否已结束
error	返回表示音频错误状态的 MediaError 对象
paused	设置或返回音频是否暂停
muted	设置或返回是否关闭声音
volume	设置或返回音频的音量

Audio 对象用于 DOM 操作的常用事件如表 3-10 所示。

表 3-10　Audio 对象的常用事件

事　　件	描　　述
play	当执行方法 play() 时触发
playing	正在播放时触发
pause	当执行了方法 pause() 时触发
timeupdate	当播放位置被改变时触发
ended	当播放结束后停止播放时触发
waiting	在等待加载下一帧时触发
ratechange	在当前播放速率改变时触发
volumechange	在音量改变时触发
canplay	以当前播放速率，需要缓冲时触发
canplaythrough	以当前播放速率，不需要缓冲时触发
durationchange	当播放时长改变时触发
loadstart	在浏览器开始在网上寻找数据时触发
progress	当浏览器正在获取媒体文件时触发
suspend	当浏览器暂停获取媒体文件，且文件获取并没有正常结束时触发
abort	当中止获取媒体数据时触发。但这种中止不是由错误引起的
error	当获取媒体过程中出错时触发
emptied	当所在网络变为初始化状态时触发
stalled	浏览器尝试获取媒体数据失败时触发
loadedmetadata	在加载完媒体元数据时触发
loadeddata	在加载完当前位置的媒体播放数据时触发

续表

事　件	描　述
seeking	浏览器正在请求数据时触发
seeked	浏览器停止请求数据时触发

以上方法、属性和事件可以通过 JavaScript 来操作，用法与 Video 对象中的方法属性等非常相似。例如，使用按钮来控制音频的播放，如 demo3−5.html 所示。

demo3−5.html

```
11 <!Doctype html>
12 <html>
13 <head>
14     <meta charset="utf-8">
15     <title>JavaScript 操作 audio 对象 </title>
16 </head>
17 <script>
18     // 页面加载完毕后执行
19     window.onload=function(){
20         // 通过标签名获取 button 按钮
21         document.getElementsByTagName("button")[0].onclick=function(){
22             // 通过标签名获取 audio 对象
23             document.getElementsByTagName("audio")[0].load();
24             document.getElementsByTagName("audio")[0].play();
25         }
26     }
27 </script>
28 <body>
29 <audio src="audio/music.mp3"></audio>
30 <button > 播放音乐 </button>
31 </body>
32 </html>
```

用浏览器打开 demo3−5.html，页面效果如图 3−7 所示。

在 demo3−5.html 中，使用标签名来获取某个标签时，默认得到的是数组对象，数组对象的下标从 0 开始，这里每种标签只有一个，所以使用下标 0 来获取对象，单击图 3−7 中的"播放音乐"按钮，音乐开始播放。

图 3−7　demo3−5 页面效果

■ **多学一招：**　深入理解 Audio 和 Video 对象

<audio> 标签和 <video> 标签有很大的相似性，Audio 对象和 Video 对象的 DOM 操作功能都是由 HTMLMediaElement 对象统一定义的核心功能，Audio 对象指的是 HTMLAudioElement 对象，它完全继承了 HTMLMediaElement 对象提供的功能，而 Video 对象指的是 HTMLVideoElement 对象，在该对象中提供了额外的功能，主要表现在一些

额外的属性上，如表 3-11 所示。

表 3-11　HTMLVideo Element 对象定义的额外属性

属　性	描　述	属　性	描　述
poster	获取或设置 poster 属性值	height	设置或返回视频的高度值
videoHeight	获取视频的原始高度	width	设置或返回视频的宽度值
videoWidth	获取视频的原始宽度		

以上属性是 Audio 对象没有的。

3.2 Geolocation 地理定位

地理位置一般是用来描述地理事物的空间关系。通常情况下，用经纬度可以准确地描述地理位置。而通常所说的地理定位也是找到该地理位置的经纬度作为坐标来进行定位的。在 PC 端，通常使用 IP 来定位该 IP 用户的位置，移动端定位有多种方式，最准确的是 GPS。在 Web 开发中，Geolocation API（地理位置应用程序接口）提供了准确知道浏览器用户当前位置的功能。本节将对 Geolocation 地理定位进行详细讲解。

3.2.1　Geolocation 简介

Geolocation API 是通过获取地理位置的经纬度来进行定位的，它封装了获取位置的技术细节，开发者不用关心位置信息究竟从何而来，极大地简化了应用的开发难度。

Geolocation API 已经得到大部分 PC 端的浏览器支持。移动 Web 浏览器也能很好地支持 Geolocation API。PC 端主流浏览器对 Geolocation 的支持情况如表 3-12 所示。

表 3-12　PC 浏览器对 Geolocation 的支持

IE	Firefox	Safari	Chrome	Opera
IE9+	支持	支持	支持	支持

移动端 Web 浏览器对 Geolocation 的支持情况如表 3-13 所示。

表 3-13　移动端浏览器对 Geolocation 的支持

iOS Safari	Android Browser	Opera Mobile	Opera Mini	BlackBerry Webkit
支持	支持	支持	不支持	支持

从上面两个表格可以看出 Geolocation API 的支持情况，随着技术的更新迭代，Geolocation API 的支持情况会更加完善。

3.2.2　获取当前位置

Geolocation API 的使用非常简单，navigator. geolocation 对象提供了可以公开访问地理位置的方法，其中 navigator 为浏览器内置对象。检测浏览器是否支持定位 API，只需要检测 geolocation 是否存在于 navigator 中即可。对于移动 Web 开发者，大多数情况只需要获取用户的当前位置，此时可以使用 getCurrentPosition() 方法来获取当前位置的坐标值。get-CurrentPosition() 被调用时会发起一个异步请求，浏览器会调用系统底层的硬件（如 GPS）来更新当前的位置信息，当信息获取到之后会在回调函数中传入 position 对象。

position 对象包含两个属性：一个是 coords（坐标），它是一个 Coordiante 对象，包含当前位置信息；另一个是 timestamp，表示获取到位置的时间戳。

coordiante 对象包含包括经纬度在内的一系列信息，具体如下：

（1）latitude：一个十进制表示的纬度坐标。

（2）longitude：一个十进制表示经度的坐标。

（3）altitude：海拔高度（以米为单位，如果是 5，表示精确到 5 m 范围）。

（4）accuracy：当前经纬度信息的精度（以米为单位）。

（5）altitudeAccuracy：当前海拔高度的精度。

（6）heading：代表当前设备的朝向，该值是以弧度为单位，指示了按顺时针方向相对于正北的度数（例如：heading 为 270 时表示正西方）。

下面通过一个案例来演示如何使用 Geolocation API 获取当前位置，代码如 demo3−6.html 所示。

demo3−6.html

```
1  <!DOCTYPE html>
2  <html lang="en">
3  <head>
4      <meta charset="UTF-8">
5      <title>Title</title>
6      <script>
7              function getMyPosition(){
8                  if(window.navigator.geolocation){
9                      // 获取当前位置 ..
10                     alert(" 正在获取您的位置 .");
11                     // 如果获取位置成功，会调用名字为 successPosition 的方法
12                     navigator.geolocation.getCurrentPosition
13                     (successPosition,errorPosition);
14                 }else{
15                     alert(" 您当前的浏览器不支持 ..");
16                 }
17             }
18             function successPosition(position){
19                 var jd=position.coords.longitude;// 经度
20                 var wd=position.coords.latitude;  // 纬度
21                 alert(jd+","+wd);
22             }
23             // 如果没有获取到位置，就会调用这个方法
24             function errorPosition(){
```

```
25                    alert(" 获取位置失败 .");
26                }
27            getMyPosition();
28    </script>
29 </head>
30 <body>
31 </body>
32 </html>
```

因为 Geolocation 获取当前定位除了浏览器的支持，还需要硬件设备的支持，上述代码在不支持该操作的设备上的运行结果如图 3-8 和图 3-9 所示。

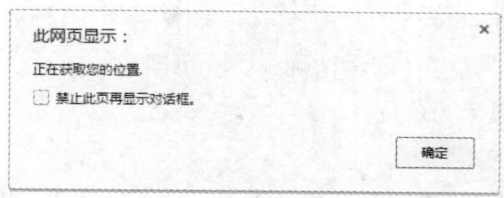

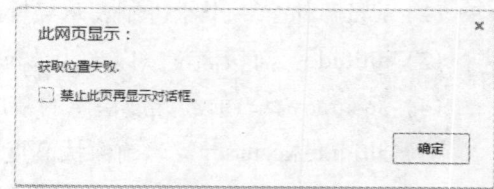

图 3-8　普通 PC 提示对话框 1　　　　　　　图 3-9　普通 PC 提示对话框 2

在 Mac 计算机上用浏览器打开 demo3-6.html，结果如图 3-10 和图 3-11 所示。

图 3-10　Mac 提示对话框 1　　　　　　　图 3-11　Mac 提示对话框 2

在移动端用浏览器打开 demo3-6.html，结果如图 3-12 和图 3-13 所示。

图 3-12　移动提示对话框 1　　　　　　　图 3-13　移动提示对话框 2

以上内容演示了 Geolocation 获取当前位置的过程，该案例获取的是当前位置的地理坐标，所以位置变化会导致坐标变化。

■ **多学一招：**　　监视移动设备的位置变化

下面介绍一个名词 LBS（Location Based Service，基于位置的服务），它是通过电信移动运营商的无线电通信网络（如 GSM 网、CDMA 网）或外部定位方式（如 GPS）获取移动终端用户的位置信息（地理坐标，或大地坐标）。

在正文中演示的 getCurrentPosition() 方法只在调用时会得到位置信息，在 LBS 应用中，检测用户位置变化是非常常见的需求。一个做法是通过循环调用的方式去检测位置变化。

例如，设置了一个 10 s 作为获取位置的间隔，这样做的缺点是：编程人员无法知道用户当前的速度。如果在飞机高铁上，10 s 可能已经走了很长一段距离，这样提供给用户的位置信息可能是延迟的，如果将间隔设置得很短，又会非常耗电、耗能，如果用户长时间没动，这些查询都是无用的。

为了解决这个问题，Geolocation 还提供了 watchPosition() 方法，可以让系统通知编程人员用户的位置发生了变化。

watchPosition() 方法和 getCurrentPosition() 方法在调用上类似，但方法功能与 getCurrentPosition() 的区别是非常明显的。调用该函数时会返回一个 watch ID，这个 ID 和 setInterval() 函数返回的 ID 类似，可以用于清除此次的监视操作。

watchPosition() 方法也接受相同的 3 个参数：success、error 回调，以及一个 PositionOptions 对象。

3.2.3　调用百度地图

前面介绍了 Geolocation API 的基本内容，Geolocation API 更大的价值在于与 GIS（地理信息系统）的结合。要想实现与 GIS 的结合首先需要一个地图的数据库，百度地图提供了地图、导航、街景等丰富的地图数据库，可以为用户所用。

下面通过一个案例 demo3-7.html 来演示如何调用百度 2D 地图。

demo3-7.html

```
1  <!DOCTYPE html>
2  <html lang="en">
3  <head>
4    <meta charset="UTF-8">
5    <meta name="viewport" content="width=device-width, initial-
          scale=1.0,user-scalable=no">
6    <title>Geolocation</title>
7    <style type="text/css">
8          html {
9                height: 100%
```

```
10            }
11
12        body {
13                height: 100%;
14                margin: 0px;
15                padding: 0px;
16        }
17
18        #container {
19                height:100%
20        }
21    </style>
22 </head>
23 <body>
24    <div id="container"></div>
25    <!-- 引入百度javascript版 API -->
26    <script src="http://api.map.baidu.com/api?v=2.0&ak=0A5bc
                  3c4fb543c8f9bc54b77bc155724"></script>
27    <script>
28
29        if(navigator.geolocation) {
30            navigator.geolocation.getCurrentPosition
                        (function (position) {
31
32                var latitude=position.coords.latitude;
                            // 纬度
33                var longitude=position.coords.longitude;
                            // 经度
34
35                console.log(position);
36                /**********************/
37                // container 表示到哪个容器
38                var map=new BMap.Map("container");
39
40                // 把经度纬度传给百度
41                var point=new BMap.Point(longitude,
42                    latitude);
43                map.centerAndZoom(point, 15);
44
45                /****************************/
46
47                // 只写上面三行就可出现地图了，并且会定位
48
49                // 定义好了一个图片标记
50                var myIcon =new BMap.Icon(
51            "http://developer.baidu.com/map/jsdemo/img/fox.gif",
52            new BMap.Size(300, 157));
53
54                // 创建标注
55                var marker=new BMap.Marker(point, {icon:
                    myIcon});
56                map.addOverlay(marker);
57            });
```

```
58              }
59
60    </script>
61 </body>
62 </html>
```

由于 IE 浏览器对百度 API 的支持情况较好，用 IE 浏览器访问该页面就会成功调用百度地图，如图 3-14 所示。

图 3-14　调用百度地图

在 demo3-7.html 中，首先在第 6 行代码中引入百度 JavaScript 版 API。第 30~33 行代码获取当前位置坐标。第 41 行代码将坐标值传给百度地图。为了更明显地显示当前位置，在代码第 50~52 行定义一个标记，并在第 55~56 行将标记定位在百度地图的当前坐标上。需要注意的是，由于在实际开发中经度、纬度的值都会加密，所以图 3-14 中显示的位置可能与实际位置有偏差，不是错误。

调用完 2D 地图后，看一下百度的全景图。为了可以在普通 PC 上演示该功能，在调用全景图这个案例中，使用固定经纬度来模拟获取当前位置。

下面通过一个案例 demo3-8.html 来演示如何使用 Geolocation API 来调用百度地图的全景图。

demo3-8.html

```
1 <!DOCTYPE html>
2 <html>
3 <head>
4     <title>全景图</title>
5     <meta http-equiv="Content-Type" content="text/html; charset=
        utf-8" />
6     <script type="text/javascript"
        src="http://api.map.baidu.com/api?v=2.0&ak=4qXTGvclMqTZXkLsU3twn
        MA7">
        </script>
7     <style type="text/css">
8         body, html{
9              width: 100%;
```

```
10              height: 100%;
1`1             overflow: hidden;
12              margin:0;
13              font-family:" 微软雅黑 ";
14          }
15      #panorama {
16              height: 100%;
17              width: 100%;
18              overflow: hidden;
19          }
20
21      </style>
22 </head>
23 <body>
24 <div id="panorama"></div>
25
26 <script type="text/javascript">
27
28      var jd="116.349902";
29      var wd="40.065817";
30      // 全景图展示
31      var panorama=new BMap.Panorama('panorama');
32      panorama.setPosition(new BMap.Point(jd, wd));// 根据经纬度坐标展示全景图
33      panorama.setPov({heading: -40, pitch: 6});
34      // 全景图位置改变后，普通地图中心点也随之改变
35      panorama.addEventListener('position_changed', function(e){
36          var pos=panorama.getPosition();
37          map.setCenter(new BMap.Point(pos.lng, pos.lat));
38          marker.setPosition(pos);
39      });
40   </script>
41 </body>
42 </html>
```

用浏览器打开 demo3-8.html，效果如图 3-15 所示。

图 3-15　调用百度全景图

在 demo3-8.html 中，在 28、29 行代码指定经纬度。第 32~40 行为全景图展示代码，该段代码为固定写法，读者只需替换经纬度即可。Mac 机读者可以尝试获取当前位置再进行全景图调用。

3.3 拖曳

自鼠标被发明以来，拖曳操作在计算机的操作中无处不在。例如，移动文件、图片处理等都需要拖曳。但是如此常见的操作，在 Web 世界只能通过模拟方式来实现。

在 HTML5 的规范中，可以通过为元素增加 draggable="true" 来设置此元素是否可以进行拖曳操作，很大程度上简化了拖曳交互的难度。其中图片、链接默认是开启的，如图 3-16 所示。

图 3-16　图片拖曳

在 HTML5 的拖曳操作中，首先要明确拖曳元素和目标元素。

（1）拖曳元素：即页面中设置了 draggable="true" 属性的元素。

（2）目标元素：页面中任何一个元素都可以成为目标元素。

在 HTML5 中提供了关于拖曳元素和目标元素的事件监听，如表 3-14 和 3-15 所示。

表 3-14　应用于拖曳元素的事件监听

方　　法	描　　述
ondrag()	整个拖曳过程都会调用
ondragstart()	当拖曳开始时调用
ondragleave()	当鼠标离开拖曳元素时调用
ondragend()	当拖曳结束时调用

表 3-15　应用于目标元素的事件监听

方　　法	描　　述
ondragenter	当拖曳元素进入时调用
ondragover	当停留在目标元素上时调用
ondrop	当在目标元素上松开鼠标时调用
ondragleave	当鼠标离开目标元素时调用

下面通过一个案例来演示 HTML5 中的拖曳操作，代码如 demo3-9.html 所示。

demo 3—9.html

```
1  <!DOCTYPE html>
2  <html lang="en">
3  <head>
4      <meta charset="UTF-8">
5      <title> 拖曳 </title>
6      <style>
7              body {
8                      padding: 0;
9                      margin: 0;
10                     background-color: #F7F7F7;
11                     position: relative;
12             }
13             .box {
14                     width: 150px;
15                     height: 150px;
16                     background-color: yellow;
17                     position: absolute;
18                     top: 100px;
19                     left: 50px;
20             }
21
22             .container {
23                     width: 300px;
24                     height: 300px;
25                     background-color: green;
26                     position: absolute;
27                     top: 100px;
28                     left: 50%;
29                     margin-left: -150px;
30             }
31     </style>
32 </head>
33 <body>
34     <div class="box" draggable="true"></div>
35     <div class="container"></div>
36
37     <script>
38             var box=document.querySelector('.box');
39             var container=document.querySelector('.container');
40             // 整个拖曳都会执行
41             box.addEventListener('drag',function() {
42                     console.log(1);
43             });
44             box.addEventListener('dragleave', function() {
45                     console.log(2);
46             });
47
48             // 拖曳开始
49             box.addEventListener('dragstart', function() {
```

```
50                this.style.backgroundColor='pink';
51                console.log(3)
52        });
53
54        // 拖曳结束
55        box.addEventListener('dragend', function(ev) {
56                this.style.backgroundColor='';
57                // console.log(ev);
58        });
59
60        // 进入到目标
61        container.addEventListener('dragenter', function () {
62                this.style.backgroundColor='pink';
63        });
64
65        // 在目标元素上移动
66        container.addEventListener('dragover', function (ev) {
67                this.style.backgroundColor='yellow';
68                ev.preventDefault();
69        });
70
71        //
72        container.addEventListener('drop', function (ev) {
73                this.style.backgroundColor='black';
74                console.log(ev);
75                ev.preventDefault();
76        });
77    </script>
78 </body>
79 </html>
```

在上述代码中，第38~39行首先准备两个盒子：box 为拖曳元素，container 为目标元素。

用 Chrome 浏览器访问 demo3-9.html，并按【F12】键打开浏览器的控制台，页面效果如图 3-17~ 图 3-19 所示。

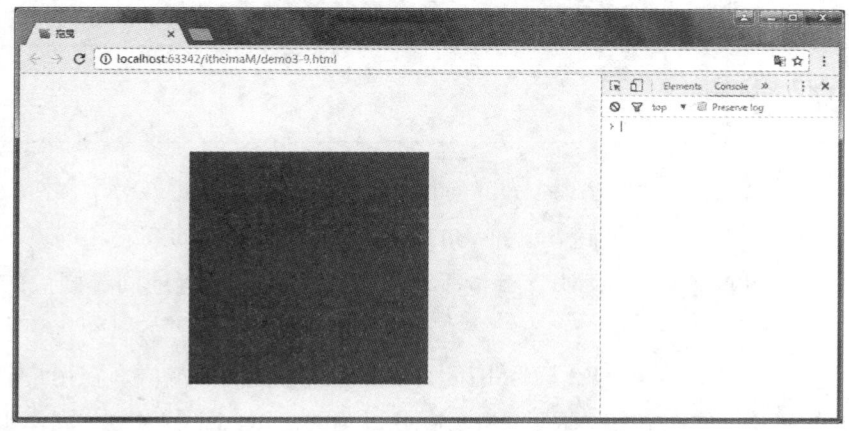

图 3-17　初始状态

图 3-18　开始拖曳

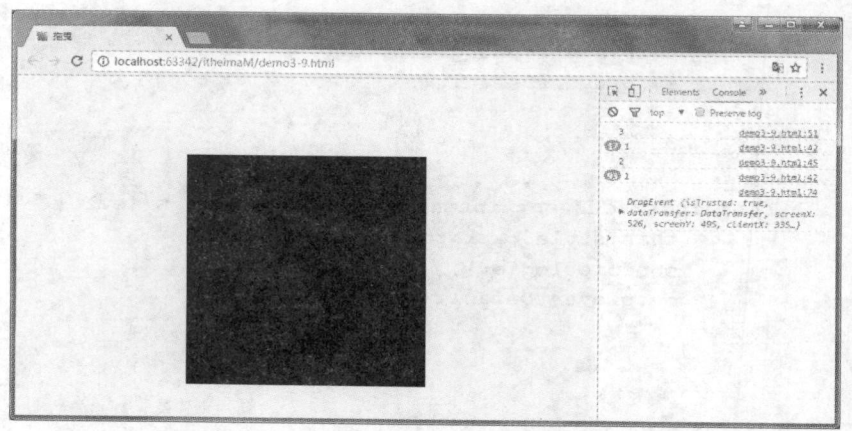

图 3-19　进入目标元素并松开鼠标

在 demo3-9.html 中，设置了从拖曳开始、移动、进入目标的一系列监听，读者可以根据控制台打印的数据来感受监听过程。因为在书本中无法打印出颜色的变化，这里就不做过多的说明，该案例要求读者仔细在计算机上实践观察。

3.4 文件操作

过去 Web 程序不能替代桌面程序的一个重要原因就在于浏览器对于文件操作 API 的缺失。照片处理中的裁剪、滤镜，二维码的读取与识别，文档的查看和编辑等，这些操作无一不依赖文件的操作，HTML5 赋予了浏览器几乎和本地程序同等强大的文件操作能力。

File API 是 HTML5 在 DOM 标准中添加的功能，它允许 Web 内容在用户授权的情况下选择本地文件并读取内容——通过 File、FileList 和 FileReader 等对象共同作用来实现。

3.4.1 选择文件

1. 通过表单选择文件

由于 Web 环境的特殊性，为了考虑文件安全问题，浏览器不允许 JavaScript 直接访问文件系统，但可以通过 file 类型的 input 元素或者拖放的方式选择文件操作。

```
<input type="file" id="thisFile"/>
```

File 表单可以让用户选取一个或者多个文件（multiple 属性），通过 FileAPI，可在用户选择文件后访问到代表了所选文件列表的 FileList 对象，FileList 对象是一个类数组的对象，其中包含着一个或多个 File 对象。如果没有 multiple 属性或者用户只选了一个文件，那么只需要访问 FileList 对象的第一个元素：

```
var filelist=document.getElementById('thisFile').files;
var selectedFile=filelist[0];
```

使用 input 元素时，用户在选择文件后会触发其 change 事件：

```
var inputElement=document.getElementById('thisFile')
inputElement.addEventListener("change",handleFiles,false)
function handleFiles(){
    var fileList=this.files
}
```

和其他类数组对象一样，FileList 也有 length 属性，可以轻松遍历其 File 对象：

```
for (var i=0,numFiles=files.length;i< numFiles;i++) {
    var file=files[i]
    …
}
```

File 对象有 3 个很有用的属性，包括了关于该文件的许多有用信息。

（1）name：文件名，不包含路径信息。

（2）size：文件大小，以 B 为单位。

（3）type：文件的 MIME type。

需要注意的是，这 3 个属性都是只读的。

2. 通过拖曳来选择文件

使用拖曳的方式来选择文件的效果，需要通过访问 dataTransfer 的 files 属性来实现。下面通过一个案例来演示具体效果，如 demo3−10.html 所示。

demo3−10.html

```
1 <!DOCTYPE html>
2 <html>
3 <head lang="en">
```

```
 4        <meta charset="UTF-8">
 5        <title></title>
 6   </head>
 7   <style>
 8        .dropzone{
 9            width: 200px;
10            height: 100px;
11            border: 2px  dashed #ddd;
12            text-align: center;
13            padding-top: 100px;
14            color: #999;
15        }
16   </style>
17   <body>
18   <div id="dropzone" class="dropzone">
19       拖曳文件到此处
20   </div>
21   <div id="output" class="output">
22   </div>
23   <script>
24       function getFileInfo(file) {
25           var aMultiples=["B", "KB", "MB", "GB", "TB", "PB", "EB", "ZB"],
               sizeinfo;
26           var info=' 文件名: ' + file.name ;
27           // 计算文件大小的近似值
28           for(var nMultiple=0, nApprox=file.size; nApprox
             >= 1; nApprox/=1024, nMultiple++) {
29               sizeinfo=nApprox.toFixed(3)+" "+aMultiples
                 [nMultiple]+" (" + file.size+" bytes)";
30           }
31           info+="; 大小: "+sizeinfo;
32           info+="; 类型: "+file.type;
33
34           return info+'<br>';
35       }
36       var dropzone=document.getElementById('dropzone')
37       dropzone.addEventListener('drop', function (e) {
38           var html=' 您一共选择了 '+e.dataTransfer.files.length + '
               个文件, 文件信息如下: <br>';
39           [].forEach.call(e.dataTransfer.files, function (file) {
40               html+=getFileInfo(file);
41           });
42           document.getElementById('output').innerHTML=html;
43           e.preventDefault();
44           e.stopPropagation();
45       }, false);
46       dropzone.addEventListener('dragover', function (e) {
47           if(e.preventDefault) {
48               // 必须要阻止 dragover 的默认行为 (即不可 drop), 这样才能进行
                 // drop 操作
49               // 否则不会触发 drop 事件
```

```
50              e.preventDefault();
51          }
52          return false;
53      }, false);
54  </script>
55  </body>
56  </html>
```

用 Chrome 浏览器访问 demo3-10.html，页面效果如图 3-20 所示。

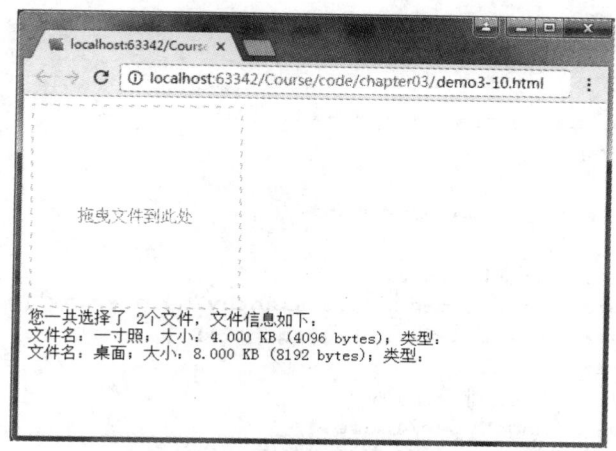

图 3-20　拖曳选择文件

3.4.2　操作文件

1. FileReader 对象

前面讲到表单或者 dataTransfer 对象中的 File 类型的实例代表着这个文件，但是这个文件对象只能访问到一些基本的信息（大小和文件名等），如果要访问文件的具体内容，还得借助 FileReader 对象。

FileReader 对象可以将文件对象转换为字符串、DataURL 对象或者二进制字符串等，以进行进一步操作。例如，在做图片上传功能时，可以先对选择的图片进行预览或者剪裁，待用户确认无误后再进行上传，可以节省许多不必要的带宽。以前文的拖曳文件例子为基础，加上拖曳图片预览功能，代码如 demo3-11.html 所示。

demo3-11.html

```
1  <!DOCTYPE html>
2  <html>
3  <head lang="en">
4      <meta charset="UTF-8">
5      <title></title>
6  </head>
7  <style>
8      .dropzone{
```

```
9          width: 200px;
10         height: 100px;
11         border: 2px dashed #ddd;
12         text-align: center;
13         padding-top: 100px;
14         color: #999;
15     }
16     .preview img{
17         width: 100px;
18         height: 100px;
19     }
20 </style>
21 <body>
22 <div id="dropzone" class="dropzone">
23     拖曳文件到此处
24 </div>
25 <div id="preview" class="preview"></div>
26 <script>
27     function handleFiles(files){
28         var preview=document.getElementById('preview')
29         for(var i=0; i < files.length; i++) {
30             var file=files[i]
31             // 用来过滤非图片类型
32             var imageType=/image.*/
33             if(!file.type.match(imageType)){
34                 continue
35             }
36             // 只能动态创建 img 对象来进行预览
37             var img=document.createElement("img")
38             // 将文件对象存起来
39             img.file=file
40             // 新建 FileRead 对象
41             var reader=new FileReader()
42             // FileReader 在读取文件时是异步执行的（JS 中许多对象都有类似
                // API），因此需要通过绑定其 load 事件来访问文件读取的结果
43             // 要注意，这里使用了闭包，因为 img 只保存当前函数 handleFiles()
                        // 内的引用，for 循环并不会创建新的作用域
44             // 因此要通过一个闭包的形式拷贝一份 img 的引用，否则 img 在 for
                // 循环结束后将只引用最后一次创建的 img 元素
45             reader.onload=(function(aImg){
46                 return function(e){
47                     // e.target.result 包含读取到的 dataURL 信息
48                     aImg.src=e.target.result
49                     // 将图片插入当前文档
50                     preview.appendChild(aImg)
51                 }
52             })(img)
53             reader.onprogress=function (e){
54                 console.log('当前已加载: '+(e.loaded/e.total*
                    100).toFixed(2) + '%')
55             }
```

```
56                // readAsDataURL 方法将 file 对象读取为 dataURL
57                reader.readAsDataURL(file)
58            }
59        }
60      var dropzone=document.getElementById('dropzone')
61      dropzone.addEventListener('drop', function (e){
62          handleFiles(e.dataTransfer.files)
63          e.preventDefault()
64          e.stopPropagation()
65      }, false)
66      dropzone.addEventListener('dragover', function (e){
67          if(e.preventDefault){
68              e.preventDefault()
69          }
70          return false
71      }, false)
72  </script>
73  </body>
74  </html>
```

　　用浏览器访问该页面，效果如图 3—21 所示。

　　从上面的例子可以看到 FileReader() 的基本用法。readAsDataURL() 方法用于读取文件，它接收一个 File 或者 Blob 对象的实例作为参数，并将文件内容转换为一个 base64 编码的 URL 字符串，并通过 load 事件将结果传递到 e.target.result 上。FileReader 对象除了 readAsDataURL() 方法外，还有其他几个方法用于读取文件内容的操作。

图 3—21　demo3—11.html 页面效果

　　（1）readAsArrayBuffer(Blob|File)：读取文件，最后 result 属性将包含 ArrayBuffer 对象以表示文件内容。ArrayBuffer 对象用来表示固定长度二进制数据的缓冲区。

　　（2）readAsBinaryString(Blob|File)：读取文件，result 属性包含文件的原始二进制数据。每个字节均由一个 [0.255] 范围内的整数表示。

　　（3）readAsText(Blob|File,encoding)：以文本方式读入文件，并可以指定返回数据的编码，默认为 UTF—8。

　　（4）abort()：终止正在进行的读取操作。如果 FileReader 对象没有进行读取操作，调用此方法会抛出 DOM_FILE_ABORT_ERR 异常。

　　2. Blob 对象

　　以上读取文件操作的方法有两个共同点，一是都接受一个 Blob 或 File 类型的对象。

Blob 对象就是一个包含只读原始数据的类文件对象，其实 File 类型就派生子 Blob 类型，并且扩展了支持操作用户本地文件的功能。Blob 对象可以直接调用构造函数来生成：

```
var fileParts=['<a>hey man</a>'];
var myBlob=new Blob(fileParts,{ "type":"text/xml"});
```

Blob 对象还支持 slice() 方法，用于对数据进行切割：

```
var yourBlob=myBlob.slice(10,20);
```

File 对象同样继承了 Blob 的 slice() 方法，可以利用此方法对 File 对象预先进行分割，然后再读取、上传，最后在服务器端进行组装——异步上传的原理就是这样。如果再记住分割点，这样即使网络中途断掉，也可以在下次传输时从断点续传。

除了都接受 Blob 和 File 对象，这些方法另外一个共同点是，由于 JavaScript 本身基于事件驱动，这些和平台相关的方法都是异步方法。即调用时立即返回，读取文件操作完成后再触发相应的 load 事件。

除了 load 事件，FileReader 对象还会调用这样一些事件处理程序。

（1）onabort：当读取操作被终止时调用（调用 abort 方法）

（2）onerror：当读取操作发送错误时调用。

（3）onload：当读取操作成功完成时调用。

（4）onloadend：当读取操作完成时调用，不管是成功还是失败，该处理程序在 onload 或者 onerror 后调用。

（5）onloadstart：当读取操作将要开始之前调用。

（6）onprogress：在读取数据过程中周期性调用。该事件为最有用的事件，在加载较大的文件时，可以提供一个进度条让用户知道当前加载进度，不让用户产生焦躁感。

```
reader.onprogress=function(e){
    console.log(' 当前文件已加载 '+ e.loaded/e.total*100 .toFixed(2)+'%')
}
```

e.total 存储着当前文件的总大小（字节），e.loaded 表示当前文件已经加载了多少。

要想将图片文件转换成可以直接在 HTML 里引用的 URL，除了前文提到的 readAsDataURL() 方法，还可以使用 window.URL .createObjectURL() 方法：

```
var objectURL =window.URL.createObjectURL(fileObj);
```

objectURL 最后会得到一个类似 blob：null/a672ae4c-f84e-45d2-87ae-f45dc986d601 的字符串，这个字符串可以直接被 IMG 等元素引用。

objectURL 和 dataURL 一样可以直接被 img 的 src 属性引用，就像 Windows 平台下的文件句柄或者 Linux 下的文件描述符，在使用完之后通常还要调用 window.URL.

revokeObjectURL() 方法进行释放，如果不显示调用该方法，objectURL 将会在文档卸载时自动释放。对于前文的例子可以简单修改为 URL 对象版本：

```
function handleFiles(files){
    var preview=document.getElementById('preview')
    for(var i=0; i<files.length;i++){
        var file=files[i]
        …
        var img=document.createElement("img")
        img.src=window.URL.createObjectURL(file)
        img.onload=function(e){
            window.URL.revokeObjectURL(this.src)
        }
        Preview.appendChild(img)
    }
}
```

有了操作文件的利器，读者可以做一些有趣的功能，比如实现类似 Photoshop 中图片处理的滤镜或者读取 PDF 文档并转换为 HTML 格式等。

 ## 小结

本章主要讲解了基于 HTML5 的技术点，包括多媒体、Geolocation 地理定位、多拽和文件操作。

学习完本章内容后，读者应掌握 <video> 标签和 <audio> 标签的使用、Geolocation API 的使用、HTML5 的拖曳操作和文件操作。

【思考题】

1. 简述如何获取当前坐标位置。
2. 简述选择文件的两种方式。

第4章

移动端页面布局和常用事件

目前多数移动设备都使用触屏操作，使得用户逐渐摆脱了键盘和鼠标操作的束缚，人机交互更加方便。这不仅体现在强大和多样化的 APP 应用程序上，移动 Web 应用程序同样也由于触摸屏的兴起而变得更加丰富多彩。本章将针对移动 Web 开发应用的流式布局、移动端的视口和常用事件进行详细讲解。

【学习导航】

学习目标	(1) 了解什么是流式布局 (2) 熟悉移动端的 3 种视口 (3) 掌握使用 \<meta\> 标签设置布局视口的方法 (4) 掌握 Touch 事件的使用方法 (5) 掌握过渡和动画结束事件的使用方法
学习方式	以理论讲解、代码演示和案例效果展示为主
重点知识	(1) 使用 \<meta\> 标签设置布局视口的方法 (2) Touch 事件的使用方法 (3) 过渡和动画结束事件的使用方法
关键词	流式布局、viewport、meta、touchstart、touchmove、touchend、transitionend、animationend

4.1 流式布局

在 PC 端进行网页制作时，经常使用固定像素并且内容居中的网页布局，为了适应小屏幕的设备，在移动设备和跨平台（响应式）网页开发过程中，多数使用流式布局，本节将对流式布局进行详细介绍。

流式布局是一种等比例缩放布局方式，在 CSS 代码中使用百分比来设置宽度，也称百分比自适应的布局。

流式布局实现方法是将 CSS 固定像素宽度换算为百分比宽度。换算公式如下：

$$目标元素宽度 / 父盒子宽度 = 百分数宽度$$

下面通过一个案例来演示固定布局如何转换为百分比布局，如 demo4-1.html 所示。

demo4-1.html

```
1  <!DOCTYPE html>
2  <html lang="en">
3  <head>
4      <meta charset="utf-8">
5      <title> 固定布局转换为百分比布局 </title>
6      <style type="text/css">
7          body>*{ width:980px; height:auto; margin:0 auto;
                       margin-top:10px;
8            border:1px solid #000; padding:5px;}
9          header{ height:50px;}
10         section{ height:300px;}
11         footer{ height:30px;}
12         section>*{ height:100%; border:1px solid #000; float:left;}
13         aside{ width:250px;}
14         article{ width:700px; margin-left:10px;}
15     </style>
16 </head>
17 <body>
18 <header>header</header>
19 <nav>nav</nav>
20 <section>
21     <aside>aside</aside>
22     <article>article</article>
23 </section>
24 <footer>footer</footer>
25 </body>
26 </html>
```

打开 Chrome 浏览器访问 demo4-1.html，页面效果如图 4-1 所示。

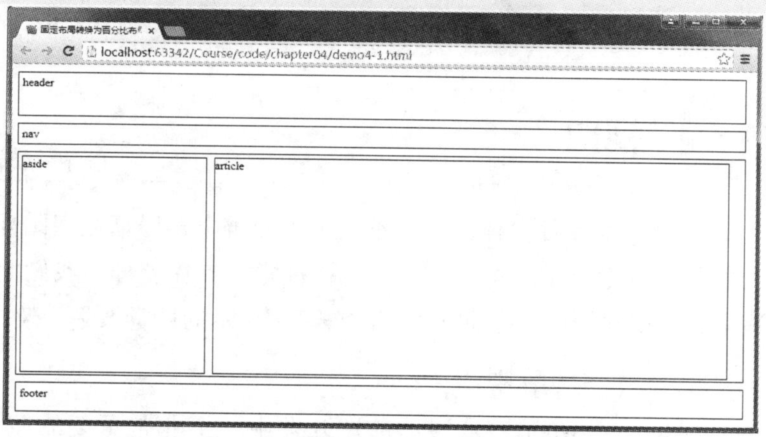

读者可以尝试改变浏览器窗口的大小，页面元素的大小不会随浏览器窗口改变，如图 4-2 所示。

下面修改 demo4-1 样式代码，将所有宽度

图 4-1　demo4-1.html 页面效果

修改为百分比的形式，具体如下：

```
<style type="text/css">
    body>*{ width:95%; height:auto; margin:0 auto; margin-top:10px;
        border:1px solid #000; padding:5px;}
    header{ height:50px;}
    section{ height:300px;}
    footer{ height:30px;}
    section>*{ height:100%; border:1px solid #000; float:left;}
    aside{ width:25.510204%;/*250÷980*/}
    article{ width:71.428571%; /*700÷980*/margin-left:1.020408%。}
</style>
```

刷新页面，缩小浏览器，页面按百分比随浏览器逐渐缩小，显示完整，页面效果如图 4-3 所示。

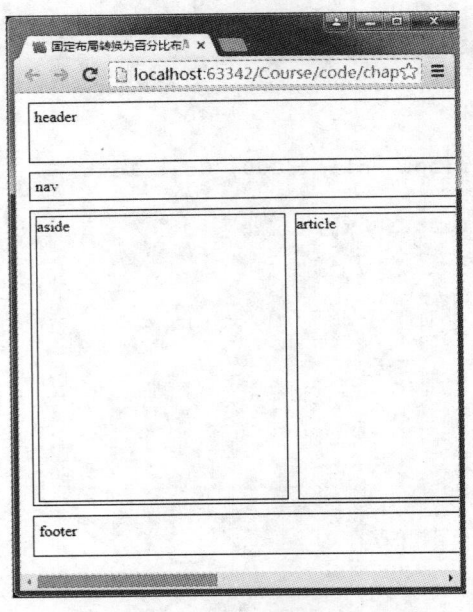

图 4-2 缩小浏览器窗口

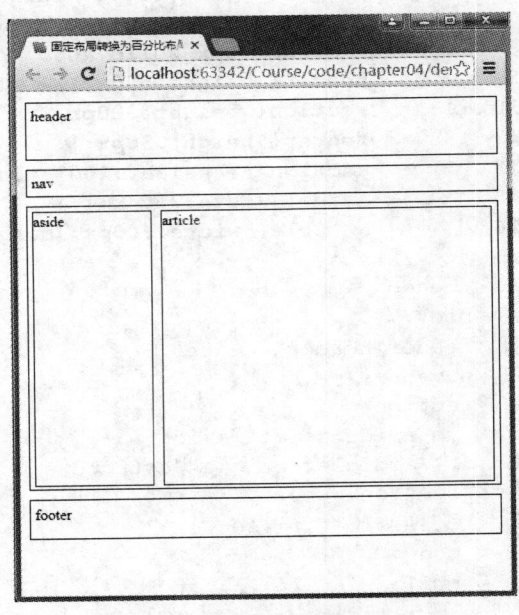

图 4-3 按百分比布局效果

4.2 视口

手机屏幕多种多样，由于不同手机分辨率、屏幕宽高比都有可能不同，同一张图片在不同手机中显示的位置和大小，在视觉上存在差异，我们需要对不同的手机屏幕进行适配，使相同的程序逻辑在不同的屏幕上显示的视觉效果一致，为此出现了视口的概念。

4.2.1 理解视口

视口（Viewport）是移动前端开发中一个非常重要的概念，最早是苹果公司推出

iPhone 时发明的，为的是让 iPhone 的小屏幕尽可能完整显示整个网页。不管网页原始的分辨率尺寸多大，都能将其缩小显示在手机浏览器上，这样保证网页在手机上看起来更像在桌面浏览器中的样子。在苹果引入视口的概念后，所有的移动开发者也都认同了这个做法。

为了方便读者理解视口到底是什么，下面举例进行说明。在网页制作过程中，有时人们会使用百分比来声明宽度，代码如下：

```
<!DOCTYPE html>
<html>
<head lang="en">
    <meta charset="UTF-8">
    <title>demo</title>
</head>
<body>
<div style="width: 50%"></div>
</body>
</html>
```

在上述代码中，div 是 body 的子元素，设置 style="width: 50%" 就表示该 div 占 body 宽度的 50%，而 body 没有显示声明宽度，因此 body 占用了父包含块（视口）html 元素宽度的 100%。同样，html 也没显示声明宽度，因此 html 元素也占父包含块的 100%。

视口在 CSS 标准文档中称为初始包含块，这个初始包含块是所有 CSS 百分比宽度推算的根源。在 PC 桌面上，如果不对 html 和 body 元素设置 margin 和 padding，那么 html 和 body 元素都与浏览器窗口的宽度一致。因此，这时，上述代码中的 div 元素占浏览器宽度的 50%。但是，由于移动设备的屏幕较小，在移动设备上，如果视口的宽度与浏览器窗口的宽度一致，在小的屏幕上呈现过多的内容清晰度较差，例如 demo4-1.html 的页面内容如果在 iPhone6 设备上呈现，效果如图 4-4 所示。

从图 4-4 可以看出，网页的内容显示模糊，这时读者也许想到了是否可以把网页放大，通过移动网页来看清上面的内容，这就需要让视口的宽度大于浏览器窗口的宽度，来达到网页缩放的目的，下面将为读者详细讲解视口的设置方式。

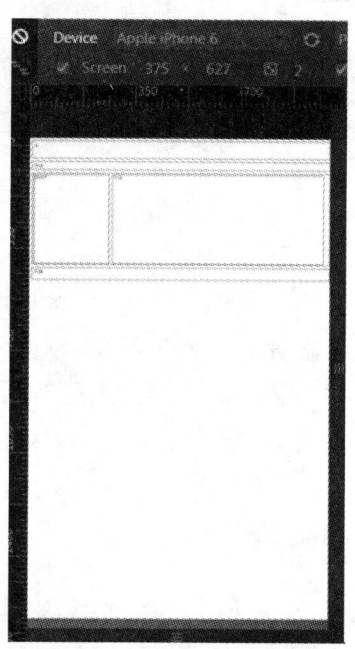

图 4-4　demo4-1 在 iPhone6 设备的效果

4.2.2　移动端的 3 种视口

在移动端浏览器当中，存在着 3 种视口：可见视口、布局视口（视窗视口）和理想视口。

1. 可见视口与布局视口

可见视口是指设备的屏幕宽度（浏览器窗口宽度），布局视口是指网页的宽度，如图 4-5 所示。

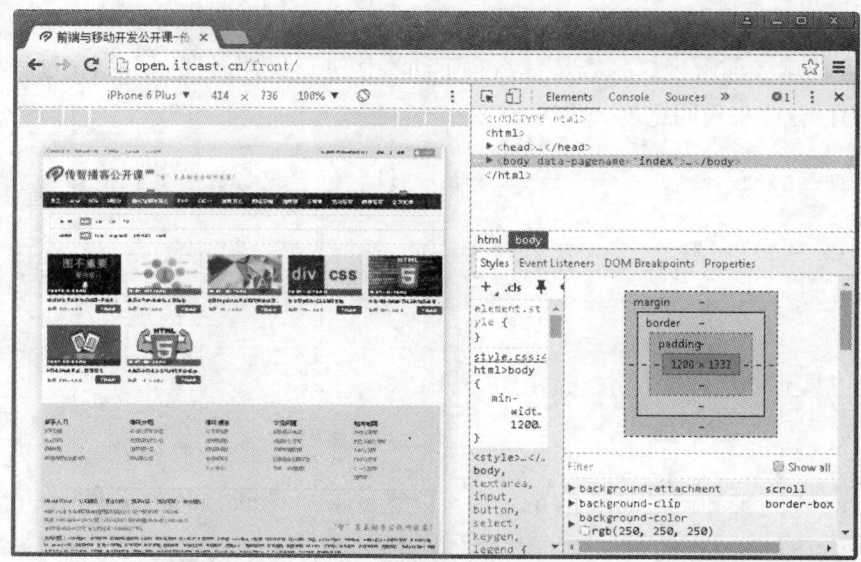

图 4-5　视口

在图 4-5 中，设备屏幕是 414 像素的宽度，在浏览器中，414 像素的屏幕宽度能够展示 1 200 像素宽度的内容。那么 414 像素就是可见视口的宽度，而 1 200 像素就是布局视口的宽度。

一般移动设备的浏览器都默认设置了一个 <meta> 标签，用来定义虚拟的布局视口，用于解决早期的页面在手机上显示的问题。iOS 和 Android 基本都将这个视口分辨率设置为 980 像素，iPad 和 WinPhone 设置为 1 024 像素，所以 PC 端的网页在这些设备上呈现时，元素看上去很小，一般默认可以通过手动缩放网页。

为了让用户能够看清晰设备中的内容，开发者在通常情况下并不使用默认的 viewport 来展示，而是自定义配置视口的属性，使视口和页面的比例更加适当。

HTML5 中，viewport 元标签是指 <meta> 标签，<meta> 标签中用于设置视口的常用属性如表 4-1 所示。

表 4-1　视口相关属性

属　　性	取　　值	描　　述
width	正整数 或 device-width	定义视口的宽度，单位为像素
height	正整数 或 device-height	定义视口的高度，单位为像素，一般不用
initial-scale	[0.0-10.0]	定义初始缩放值
minimum-scale	[0.0-10.0]	定义缩小最小比例，它必须小于或等于 maximum-scale 设置
maximum-scale	[0.0-10.0]	定义放大最大比例，它必须大于或等于 minimum-scale 设置
user-scalable	yes/no	定义是否允许用户手动缩放页面，默认值 yes

使用 <meta> 标签配置视口属性的方式如下：

```
<meta name="viewport" content="user-scalable=no, width=device-width,
      initial-scale=1.0, maximum-scale=1.0">
```

在上述代码中，user–scalable 用于设置用户是否可以缩放，默认为 yes；width 用于设置视窗视口的宽度，device–width 表示布局视口和可见视口宽度相同，该属性也可以设置成具体宽度；initial–scale 用于设置初始缩放比例，取值为 0~10.0；maximum–scale 用于设置最大缩放比例，取值为 0~10.0。除此之外，还可以通过 height 属性设置布局视口的高度，minimum–scale 设置最小缩放比例。

2. 理想视口

默认情况下，移动设备浏览器的布局宽度为 768~1 024 像素。这对于宽度较大的网页来说并不理想。换句话说，布局视口的默认宽度并不是一个理想的宽度，这时引进了理想视口的概念。

需要注意的是，只有专为移动端设计的网站才会使用理想视口。理想视口的设置方式如下：

```
<meta name="viewport" content="width=device-width">
```

在上述代码中，设置 content="width=device–width" 代表通知浏览器，布局视口的宽度应该与理想视口宽度一致。说明定义理想视口是浏览器的工作，而不是设备或操作系统的工作。因此，同一设备上的不同浏览器拥有不同的理想视口。浏览器的理想视口的大小也取决于它所处的设备。

4.3　移动端常用事件

前端开发中很多事件在 PC 端和浏览器端是可共用的，但有些事件是针对移动端的，并且只在移动端产生，如触摸相关的事件。本节将为读者介绍移动端常用的一些事件，以及利用这些事件能够完成的一些效果。

4.3.1　Touch 事件简介

移动端常用事件中最典型的就是 Touch 事件，Touch 中文译为"接触、触摸"，Touch 事件是许多用于触屏操作事件的总称。

习惯在计算机上写 JavaScript 代码的读者可能想问一个问题：为什么移动端要使用 Touch 事件？ mouse 事件和 click 事件在手机上能不能触发？

首先，这两类事件在移动端也可以触发，但分别有一些问题，移动端会多点触屏，不适合 mouse ，而 click 事件在手机上有 300 ms 延迟（正常现象，不是 bug）。因此，在移动端绑定事件，最好使用专门为移动端设计的 Touch 事件。

Touch 事件的产生是由于 iOS 设备既没有鼠标也没有键盘，所以在为移动 Safari 浏览器开发交互性网页时，PC 端的鼠标和键盘事件是不够用的，在 iPhone 3Gs 发布的时候，其自带的移动 Safari 浏览器就提供了一些与触摸（Touch）操作相关的新事件。随后，Android 上的浏览器也实现了相同的事件。

HTML5 中为移动端新添加了很多事件，但是由于它们的兼容问题不是很理想，应用实践性不强，所以，在这里只介绍目前几乎被所有移动浏览器支持的 4 种最基本的 Touch 事件，如表 4-2 所示。

表 4-2 4 种最基本的触摸事件

事　件	描　　述	事　件	描　　述
touchstart	手指触摸屏幕时触发	touchend	手指离开屏幕时触发
touchmove	手指在屏幕上滑动时触发	touchcancel	系统取消 Touch 事件的时候触发

表 4-2 中的触摸事件与 PC 端的 onclick 等事件不同，需要通过以下方法进行绑定，具体如下：

```
dom.addEventListener(' 事件名称 ',function(e){});
```

使用触摸移动设备时，有时会出现多个手指同时触摸屏幕的情况，称为多点触摸，如图 4-6 所示。

当多点触摸触发 Touch 事件时，将会返回 Touch 对象的触摸点集合，在绑定事件的语法中，回调函数返回的 e(TouchEvent) 对象中包含了 3 个用于跟踪触摸的属性，用于返回不同的触摸点集合，如表 4-3 所示。

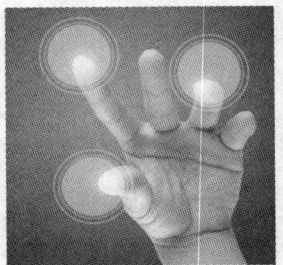

图 4-6　多点触摸

表 4-3　TouchEvent 对象的属性

属　　性	描　　述
touches	表示当前跟踪的触摸操作的 Touch 对象的触摸点集合
targetTouches	特定于事件目标的 Touch 对象的触摸点集合
changedTouches	表示自上次触摸以来发生了什么改变的 Touch 对象的触摸点集合

触摸点集合中每个 Touch 对象都包含一些用于获取触摸信息的常用属性，如表 4-4 所示。

表 4-4　Touch 对象的常用属性

属　　性	描　　述	属　　性	描　　述
clientX	触摸目标在视口中的 X 坐标	pageY	触摸目标在页面中的 Y 坐标
clientY	触摸目标在视口中的 Y 坐标	screenX	触摸目标在屏幕中的 X 坐标
identifier	标识触摸的唯一 ID	screenY	触摸目标在屏幕中的 Y 坐标
pageX	触摸目标在页面中的 X 坐标	target	触摸的 DOM 节点目标

虽然这些触摸事件没有在 DOM 规范中定义，但是它们却是以兼容 DOM 的方式实现的，例如 DOM 属性中也可以获取 clientX 和 clientY，这里进行了解即可。

4.3.2　Touch 事件的应用

对 Touch 事件有了基本了解后，下面通过一个案例来演示 Touch 事件的用法，如 demo4−2.html 所示。

demo4−2.html

```
1  <!DOCTYPE html>
2  <html>
3  <head lang="en">
4      <meta charset="UTF-8">
5      <!-- 视口 viewport　只有移动端才识别 -->
6      <meta name="viewport"
7      content="width=device-width,initial-scale=1.0,user-scalable=0"/>
8      <title>Touch 事件 </title>
9      <style>
10         body{
11             margin: 0;
12             padding: 0;
13         }
14         a{
15             height: 100px;
16             width: 100%;
17             display: block;
18             // 去除
19             -webkit-tap-highlight-color: red;
20             border: 10px solid black;
21             box-sizing: border-box;
22         }
23     </style>
24 </head>
25 <body>
26 <a href="#"></a>
27 <script>
28     var a=document.querySelector('a');
29     // 触摸开始事件
30     a.addEventListener('touchstart',function(e){
31         console.log('touchstart');
32         console.log(e.changedTouches);
33         console.log(e.targetTouches);
34         console.log(e.touches);
35     });
36     // 触摸滑动事件
37     a.addEventListener('touchmove',function(e){
38         console.log('touchmove');
39         console.log(e.changedTouches);
40         console.log(e.targetTouches);
41         console.log(e.touches);
42     });
43     // 触摸结束事件
44     a.addEventListener('touchend',function(e){
```

```
45        console.log('touchend');
46        console.log(e.changedTouches);
47        console.log(e.targetTouches);
48        console.log(e.touches);
49    });
50 </script>
51 </body>
52 </html>
```

在上述代码中，第6、7行用于设置移动端设备的视口；在第26行定义了一个 <a> 标签，并且在第 14~22 行为 <a> 标签定义了样式，运行代码后会在页面中显示一个黑色边框的区域，当在移动端触摸 <a> 标签的黑色边框区域时，会触发 touchstart 和 touchend 事件，当滑动触摸该区域时将触发 touchmove 事件；第27~50行使用 JavaScript 代码获取 <a> 标签，并且为 <a> 标签绑定了 touchstart、touchmove 和 touchend 事件，在事件触发时，将3个事件对应的触摸点集合 changedTouches、targetTouches 和 touches 输出到控制台。

打开 Chrome 浏览器，访问 demo4-2.html，页面效果如图 4-7 所示。

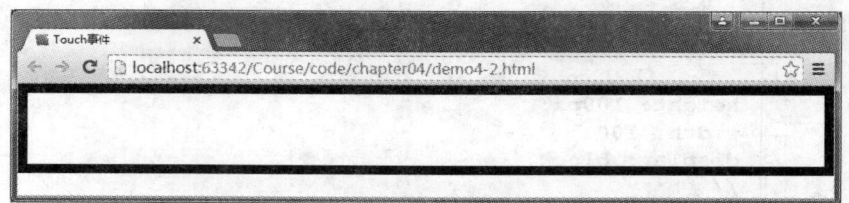

图 4-7　demo4-2.html 页面效果

按【F12】键，打开 Chrome 的开发者工具，如图 4-8 所示。

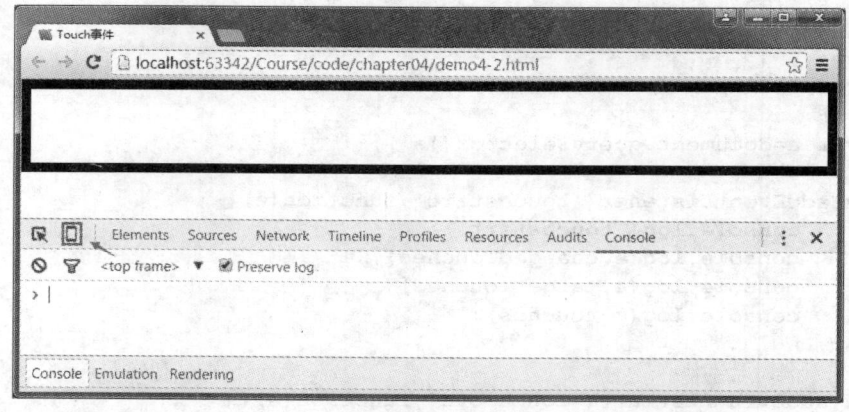

图 4-8　开发者工具

单击 "□" 按钮，进入移动设备调试模式，如图 4-9 所示。

在图 4-9 中，将 Device（设备）选择为 Apple iPhone 6，并且打开 Console 窗口，这时单击黑色边框区域内，代表触摸页面上的 <a> 标签区域，触发 Touch 事件，观察 Console 窗口输出结果，如图 4-10 所示。

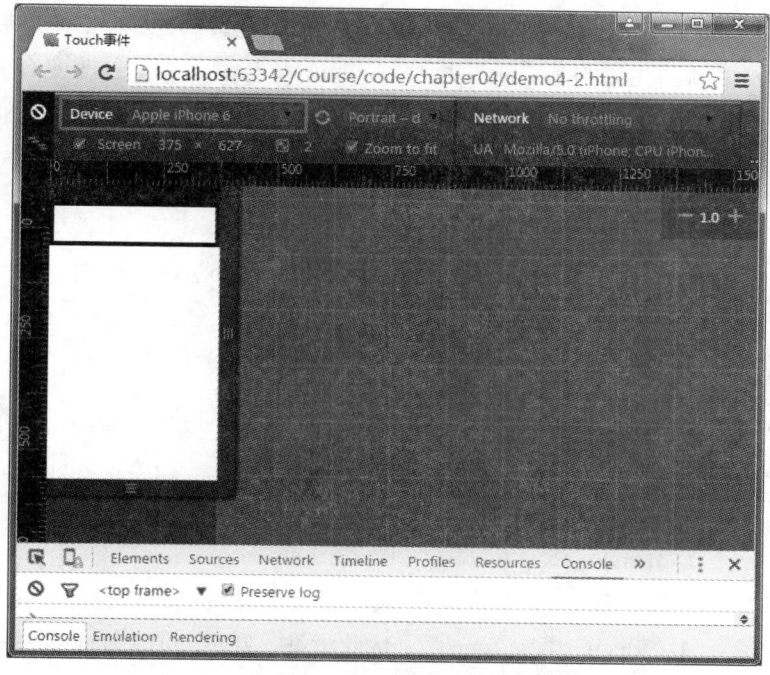

图 4-9　移动设备调试模式

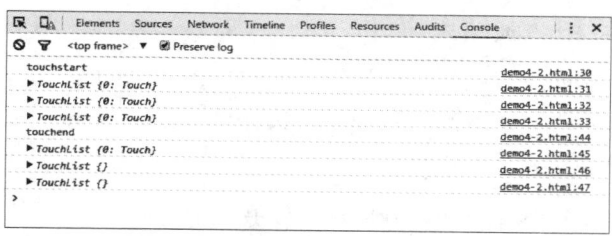

图 4-10　touchstart 和 touchend

从图 4-10 的输出结果可以看出，单击黑色边框区域触发了 touchstart 和 touchend 事件，每个事件下的 3 个 TouchList 代表输出的 changedTouches、targetTouches 和 touches 集合。需要注意的是，touchend 事件返回的 TouchEvent 只会记录 changedTouches。

刷新 demo4-2.html，在黑色区域单击并滑动，然后松开鼠标，观察 Console 窗口输出结果，如图 4-11 所示。

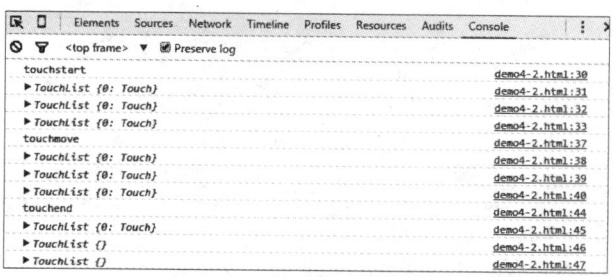

图 4-11　触发滑动事件

从图 4-11 的输出结果可以看出，touchmove 事件被触发，也就是说当触摸滑动时该事件才会被触发，需要注意的是，触发几次 touchmove 与滑动的位置改变有关。

打开第一个触摸点集合 TouchList 的 Touch 对象信息，可以看到触摸点的相关信息，如图 4-12 所示。

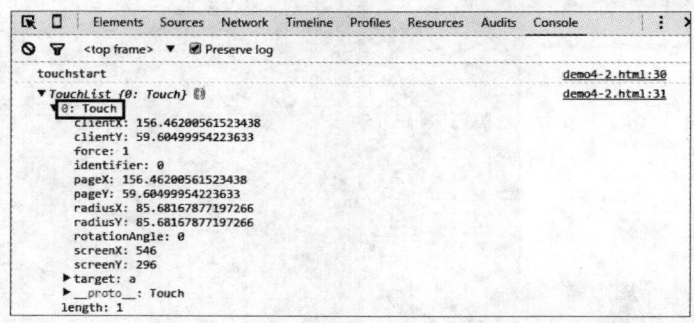

图 4-12　触摸点信息

在图 4-12 中，"0：Touch"中的"0"表示第一个触摸点的索引值，如果同时有多个触摸点，就会出现"1：Touch""2：Touch"，依此类推。另外，可以通过"e.触摸点集合.属性名称"的方式来获取触摸点的相关信息，例如"e.changedTouches.clientX"。

4.3.3　过渡和动画结束事件

在移动端，除 Touch 事件外，还会经常用到过渡结束（transitionend）和动画结束（animationend）事件，下面分别介绍两个事件的用法。

1. transitionend 事件

transitionend 事件在 CSS 完成过渡效果后触发，可以使用如下方式来绑定。

```
// 标准语法
dom.addEventListener('transitionend', function(e){});
```

上述语法为绑定 transitionend 事件的标准语法，目前各大浏览器对该事件的支持情况如表 4-5 所示。

表 4-5　浏览器对 transitionend 事件支持情况

IE	Firefox	Chrome	Safari	Opera
10.0+	5.0+	4.0+	4.0+	12.1+

对于 webkit 内核的浏览器（如 Safari），需要使用如下代码进行绑定。

```
//Safari 3.1 ~ 6.0 代码
dom.addEventListener(' webkitTransitionEnd',function(e){});
```

在上述语法中，webkitTransitionEnd 中添加了 webkit 前缀。

下面通过一个案例来演示 transitionend 事件的具体用法，如 demo4-3.html 所示。

demo4-3.html

```
1  <!DOCTYPE html>
2  <html>
3  <head lang="en">
4      <meta charset="UTF-8">
5      <title>transitionend 事件 </title>
6      <style>
7          // 为 div 设置宽高、背景色及过渡
8          #myDIV {
9              width: 100px;
10             height: 100px;
11             background: pink;
12             -webkit-transition: width 2s; // Safari 3.1 ~ 6.0 代码
13             transition: width 2s;
14         }
15         #myDIV:hover {
16             width: 300px;
17             height: 300px;
18         }
19     </style>
20 </head>
21 <body>
22 <p> 将鼠标移动到 div 元素上, 查看过渡效果。</p>
23 <div id="myDIV"></div>
24 <script>
25     //  Safari 3.1 ~ 6.0 版本代码
26     var dom= document.getElementById("myDIV");
27     dom.addEventListener("webkitTransitionEnd", myFunction);
28     // 标准语法
29     dom.addEventListener("transitionend", myFunction);
30     // 事件回调函数
31     function myFunction() {
32         this.innerHTML=' 过渡效果结束 ';
33         this.style.background='green';
34     }
35 </script>
36 </body>
37 </html>
```

在上述语法中，完成了一个 <div> 逐渐放大变色的过渡效果，当过渡结束时触发 transitionend 事件，此时，<div> 标签上会出现文字"过渡效果结束"，并且背景颜色会变为 green，具体细节如下：

第 23 行添加一个 <div> 标签，第 8~18 行为 <div> 标签设置了宽高、背景色及过渡，当鼠标移动到 <div> 上时，可以查看过渡的效果；第 25~34 行绑定了过渡事件 transitionend 事件。

打开 Chrome 浏览器，访问 demo4-3.html，页面效果如图 4-13 所示。

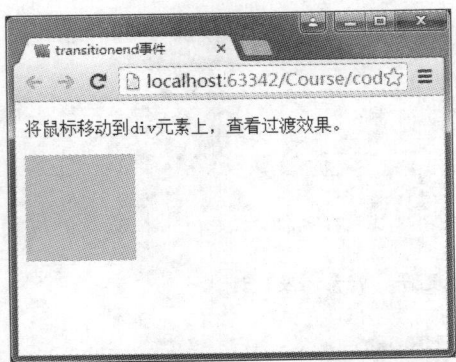

图 4-13　demo4-3.html 页面效果

在图 4-13 中，将鼠标移动到方块区域，可查看过渡效果和过渡结束触发事件的效果，如图 4-14 和图 4-15 所示。

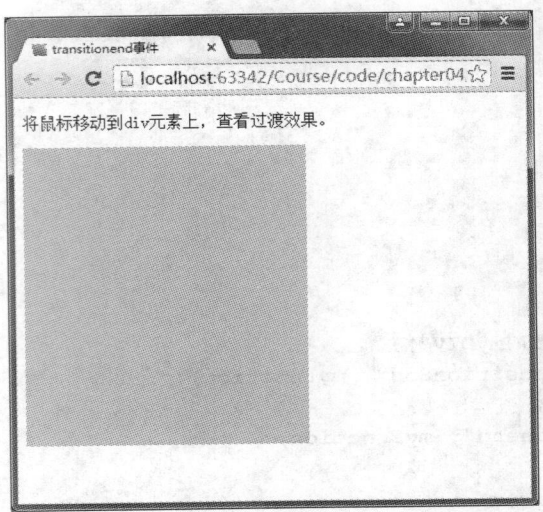

图 4-14　过渡效果

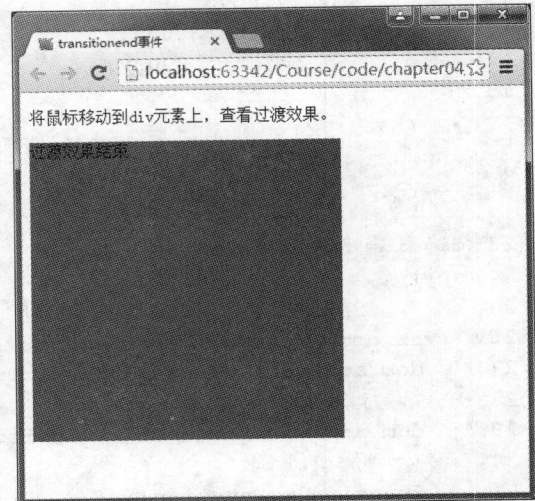

图 4-15　过渡结束

2. animationend 事件

与 transitionend 事件相似，animationend 事件在 CSS 完成动画效果后触发，可以使用如下方式来绑定。

```
// 标准语法
dom.addEventListener('animationend', function(e){});
```

上述语法为绑定 animationend 事件的标准语法，同样对于 webkit 内核的浏览器（如 Safari），需要添加 webkit 前缀，使用如下代码进行绑定。

```
//Safari 3.1 ～ 6.0 代码
dom.addEventListener('webkitAnimationEnd',function(e){});
```

目前，各大浏览器对该事件的支持情况如表 4-6 所示。

表 4-6　浏览器对 animationend 事件支持情况

IE	Firefox	Chrome	Safari	Opera
10.0+	5.0+	4.0+	4.0+	12.1+

下面通过一个案例来演示 animationend 事件的具体用法，如 demo4-4.html 所示。

demo4-4.html

```
1  <!DOCTYPE html>
2  <html lang="en">
3  <head>
4      <meta charset="UTF-8">
5      <title>animationend 事件 </title>
6      <style>
7          body {
8              margin: 0;
9              padding: 0;
10             background-color: #F7F7F7;
11         }
12         // 设置 div 的样式和动画
13         .box {
14             width: 300px;
15             height: 100px;
16             margin: 50px auto;
17             background: brown;
18             position: relative;
19             -webkit-animation: move 4s 1;
20             animation:move 4s 1;
21         }
22         // 绑定动画效果
23         @keyframes move {
24         0% {
25             left: -300px;
26         }
27
28         100% {
29             left: 0px;
30         }
31         }
32         @-webkit-keyframes move {
33             0% {
34                 left: -300px;
35             }
36
37             100% {
38                 left: 0px;
39             }
40         }
41     </style>
```

```
42 </head>
43 <body>
44 <div class="box"></div>
45 </body>
46 <script>
47     var dom=document.querySelector("div");
48     // Chrome、Safari 和 Opera
49     dom.addEventListener("webkitAnimationEnd", myFunction);
50     dom.addEventListener("animationend", myFunction);
51     // 事件回调函数
52     function myFunction(){
53         this.innerHTML=" 动画结束 ";
54         this.style.backgroundColor="pink";
55     }
56 </script>
57 </html>
```

在上述代码中，完成了一个 <div> 向右移动，并且变色的动画效果，动画结束时会在 <div> 上显示"动画结束"，<div> 演示变为 pink，具体细节如下：

第 44 行添加了 <div> 标签；第 12~40 行为 <div> 标签设置样式和动画效果；第 47~55 行首先获取 div 元素对象，然后为其绑定 animationend 事件，并在回调函数中设置动画结束时 <div> 标签中的文字为"动画结束"、背景色为 pink。

打开 Chrome 浏览器，访问 demo4-4. html，可以看到动画自动播放，如图 4-16、图 4-17 所示。

图 4-16　demo4-3.html 运行效果

当动画结束时，触发结束事件 animationend，页面效果如图 4-18 所示。

图 4-17　动画自动播放

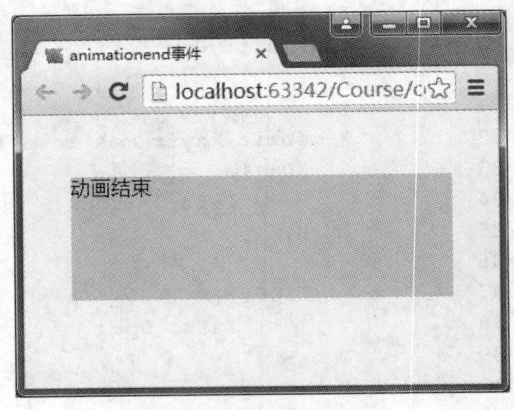

图 4-18　动画结束

小结

　　本章首先介绍了流式布局、视口和移动端的常用事件，流式作为移动端常用的布局方式，并不能完全解决 PC 网站在移动端的显示问题，例如页面元素过小，由此引出了视口的概念，介绍了移动端的 3 种视口，最后介绍了在移动端常用的事件，包括 Touch 事件、过渡和动画结束事件。

　　学习本章内容后，要求读者对流式布局和视口有一定的了解，并且能够使用百分比和 <meta> 标签进行页面布局，掌握 Touch 事件、过渡和动画结束事件的使用方法。

【思考题】

1. 简述移动端有哪 3 种视口。
2. 列举 4 个移动端基本的 Touch 事件，并说明触发条件。

第5章

综合项目——黑马掌上商城

互联网发展至今，相信很多读者对"网上购物"并不陌生，本章将带领读者完成一个模拟网上商城的移动端项目，将其命名为"黑马掌上商城"。

【学习导航】

学习目标	(1) 了解项目的整体结构 (2) 能够参考教材完成项目代码 (3) 掌握项目中使用的重点知识
学习方式	以页面效果展示、页面结构分析和代码演示的方式为主
重点知识	(1) 视口和流式布局 (2) 移动端事件 (3) 过渡和动画结束事件 (4) Gesture 事件 (5) 全屏单页面布局 (6) Zepto.js 的使用
关键词	viewport、Gesture、Zepto、Touch

5.1 项目简介

本项目名称为"黑马掌上商城"，是一个移动端的网上商城。移动端常见的几种布局和移动端常用的 JavaScript 效果实现在本项目中均有涉及。首先为读者介绍项目的基本功能、页面结构和项目的目录结构。

5.1.1　项目功能展示

本项目主要完成 3 个页面：商城首页、商品分类和购物车页面。这 3 个页面效果图如图 5-1 ~ 5-3 所示。

图 5-1　黑马掌上商城首页

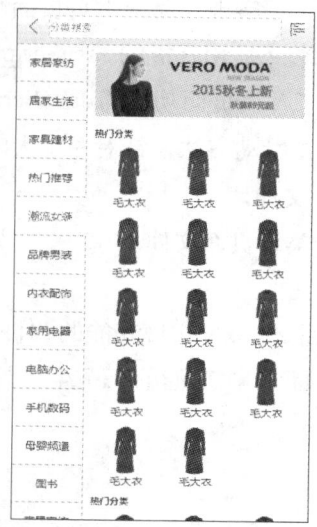

图 5-2　商品分类页

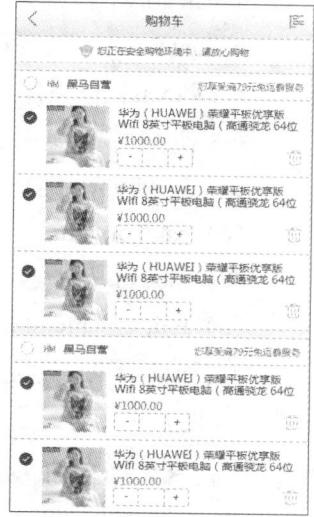

图 5-3　购物车页面

5.1.2　项目目录和文件结构

为了方便读者进行项目的搭建，下面介绍"黑马掌上商城"项目的目录结构，如图 5-4 所示。

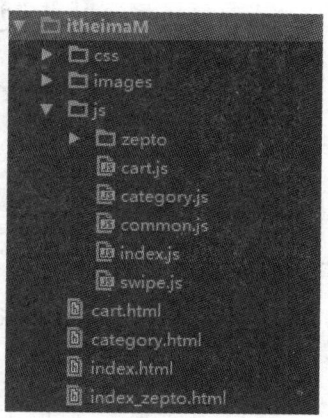

图 5-4　目录结构

在图 5-4 中，各个目录和文件的说明如下：

（1）itheima：itheima 作为顶级目录名称，也是项目的名称，在该目录下有 3 个目录分别为 css、images 和 js，以及该项目的 4 个 html 文件。

（2）css：css 文件目录，在该目录下存放的是 CSS 文件，用于添加自定义的样式代码。

（3）images：图片文件目录，用于存放项目引用的图片文件。

（4）js：JavaScript 文件目录，该目录下的文件说明如下：

● zepto：该文件夹下存放 zepto 封装的 JavaScript 文件。

● cart.js：该文件中封装了实现购物车页面功能的 JavaScript 代码。

● category.js：该文件中封装了实现商品分类页页面功能的 JavaScript 代码。

● common.js：该文件中封装了通用功能的 JavaScript 代码。

● index.js：该文件中封装了首页页面功能的 JavaScript 代码。

● swipe.js：该文件中封装了滑动方法，针对一个大容器内部的容器做滑动封装。

（5）cart.html：购物车页面文件。

（6）category.html：商品分类页页面文件。

（7）index.html：首页页面文件。

（8）index_zepto.html：使用 zepto.js 实现功能的首页页面文件。

为了让读者更好地完成本项目，在后面的小节中，将项目分成几个任务，带领读者一步一步地完成。

5.1.3　项目开发流程

本项目的开发分为 3 个页面共 10 个任务，每个任务都会先分析结构再实现编码。开发流程是先写出页面的结构和样式，再实现 JavaScript 效果。每个页面的开发顺序如下：

1. 商城首页

首页开发顺序图如图 5-5 所示。

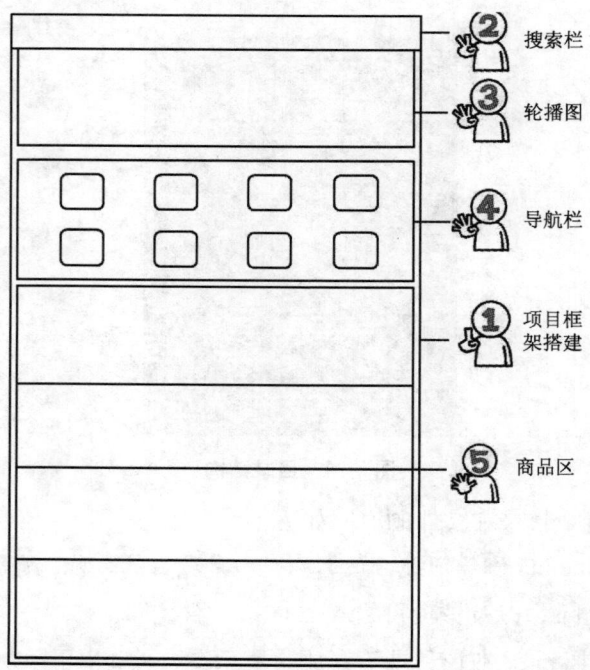

图 5-5　首页开发顺序图

2. 商品分类页

商品分类页开发顺序图如图 5-6 所示。

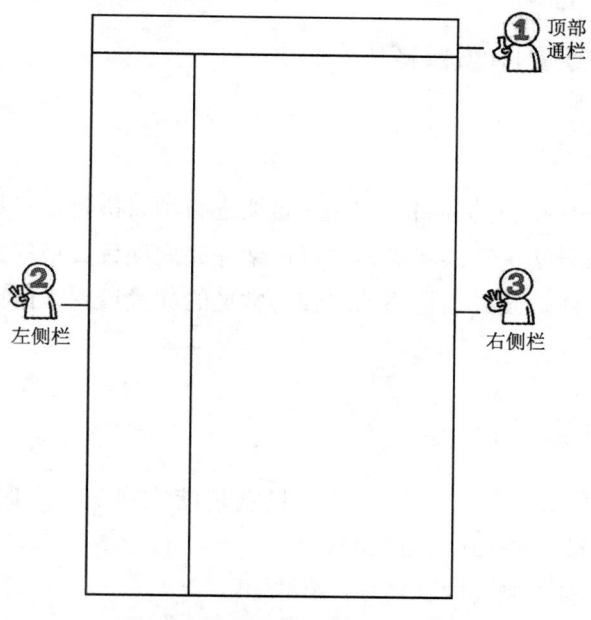

图 5-6　商品分类页开发顺序图

3. 购物车页面

购物车开发顺序图如图 5-7 所示。

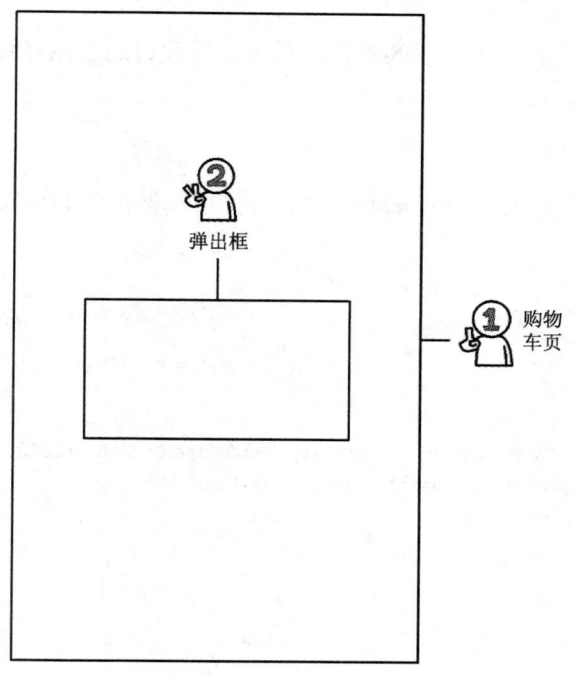

图 5-7　购物车开发顺序图

5.2 商城首页

5.2.1 【任务1】项目搭建

■ 【任务描述】

要开发一个有一定规模的项目，首先一定要进行项目搭建，包括创建目录和制定项目的公用样式。本任务就带领读者搭建项目框架并完成项目公用样式的编写。需要注意的是，本任务涉及的样式设置也是移动端较为常见的样式设置，请读者认真完成并加以思考。

■ 【任务分析】

本项目使用的是百分比自适应布局，也就是流式布局，同时，需要对移动端的viewport视口进行设置，才能达到适配的目的。

要构建一个项目，首先要构建它的目录结构：

（1）新建一个 itheimaM 文件夹作为项目站点，其中 M 代表 Mobile，即移动站的意思。

（2）在项目站点中新建几个文件分别为 css、js、images。新建 HTML 文件 index.html 作为项目首页。

在项目搭建时，还有一项重要的工作就是要设置项目的公用样式。

■ 【代码实现】

搭建项目目录后，需要在 index.html 中进行首页框架代码的编写，代码如下：

index.html

```
1  <!DOCTYPE html>
2  <html>
3  <head lang="en">
4      <meta charset="UTF-8">
5      <!-- meta:vp-->
6      <meta name="viewport" content="width=device-width, user-
           scalable=no, initial-scale=1.0"/>
7      <title> 首页 </title>
8  </head>
9  <body>
10
11 </body>
12 </html>
```

需要注意的是，移动站一定要设置 viewport，如上述代码第 6 行。

在目录中的 css 文件夹下新建 css 文件 base.css，为项目的公用样式文件，base.css 代码如下：

base.css

```
1  // 重置 css
2  *,
3  ::before,
4  ::after{
5      // 选择所有的标签
6      margin: 0;
7      padding: 0;
8      // 清除移动端默认的点击高亮效果
9      -webkit-tap-highlight-color: transparent;
10     // 设置所有的都是以边框开始计算宽度百分比
11     -webkit-box-sizing: border-box;        // 兼容
12     box-sizing: border-box;
13  }
14  body{
15      font-size: 14px;
16      font-family: "MicroSoft YaHei",sans-serif;/* 设备默认字体 */
17      color: #333;
18  }
19  a{
20      color: #333;
21      text-decoration: none;
22  }
23  a:hover{
24      text-decoration: none;
25  }
26  ul,ol{
27      list-style: none;
28  }
29  input{
30      border: none;
31      outline: none;
32      // 清除移动端默认的表单样式
33      -webkit-appearance: none;
34  }
35  // 通用 css
36  .f_left{
37      float: left;
38  }
39  .f_right{
40      float: right;
41  }
42  .clearfix::before,
43  .clearfix::after{
44      content: "";
45      height: 0;
```

```
46      line-height: 0;
47      display: block;
48      visibility: hidden;
49      clear: both;
50  }
51  [class^="icon_"]{
52      background: url("../images/sprites.png") no-repeat;
53      background-size: 200px 200px;
54  }
55  .m_l10{
56      margin-left: 10px;
57  }
58  .m_r10{
59      margin-right: 10px;
60  }
61  .m_b10{
62      margin-bottom: 10px;
63  }
64  .m_t10{
65      margin-top: 10px;
66  }
67  // 定义顶部通栏
68  .hm_topBar{
69      width: 100%;
70      height: 45px;
71      background: url("../images/header-bg.png") repeat-x;
72      background-size: 1px 44px;
73      border-bottom: 1px solid #ccc;
74      position: absolute;
75  }
76  .hm_topBar > [class^="icon_"]{
77      position: absolute;
78      top: 0;
79      height: 44px;
80      width: 40px;
81      padding: 12px 10px;
82      background-clip: content-box;    // 设置背景从什么位子开始显示
83      background-origin: content-box;  // 设置背景从什么位子开始定位
84  }
85  .hm_topBar > .icon_back{
86      left: 0;
87      background-position: -20px 0;
88  }
89  .hm_topBar > .icon_menu{
90      right: 0;
91      background-position: -60px 0;
92  }
93  .hm_topBar > form{
94      width: 100%;
95      height: 44px;
96      padding: 0 40px;
```

```
97  }
98  .hm_topBar > form > input{
99      width: 100%;
100     border:1px solid #e0e0e0;
101     border-radius: 4px;
102     height: 30px;
103     margin-top: 7px;
104  }
105  .hm_topBar > h3{
106     text-align: center;
107     line-height: 44px;
108     font-weight: normal;
109  }
```

在上述代码中，11~12 行代码为了防止百分比布局时内容边框溢出屏幕，造成页面不友好，所以在移动端站点的样式编写中，要设置所有盒子以边框开始计算宽度。在前面讲解过大多数的移动端浏览器都是 webkit 内核，所以在做移动端项目时，一定要兼容 webkit。

5.2.2　【任务2】　页面主体和头部搜索

【任务描述】

本任务将完成的部分为页面布局和头部搜索栏。

黑马掌上商城的首页页面采用电商首页网站广为使用的、固定宽度限制的百分比布局。用这种布局可以控制首页中的图片不被过度拉伸或缩放而造成的用户体验不友好。

头部搜索栏会定位在页面的最顶端，并且透明度会在向下滑动时发生变化，如图 5-8 所示。

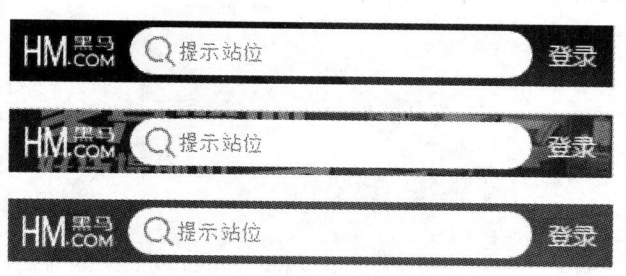

图 5-8　头部搜索

【任务分析】

1. 页面主体布局

页面主体布局为有固定宽度限制的百分比布局，即有最小宽度和最大宽度的限制。当浏览器宽度大于页面的最大宽度时，网页内容居中显示在浏览器中间。最大宽度设计为 640 px，是因为在移动端的设计稿中，通常用的都是 640 px 的最大宽度，如果页面超过 640 px 就容易出现图片被拉伸的失真效果。
当屏幕过小时，为了避免一些元素掉到下一行，
造成页面混乱，要限制最小宽度。当屏幕小于
最小宽度时，页面会出现滚动条。主体布局是
通过设置一个 div 并设置它的最大、最小宽度
来控制页面。布局的结构图如图 5-9 所示。

div.hm_layout width: 100%; max-width: 640px min-width: 300px		

图 5-9　页面主体布局

2. 头部搜索栏

头部搜索栏要完成以下功能：

（1）头部搜索栏由三部分组成：logo、搜索 form 控件和登录链接。

（2）固定浮动在顶端。

（3）搜索栏的宽度会随着浏览器大小的变化而变化。

（4）搜索栏的透明度会在屏幕滑动时发生改变。

头部搜索栏的结构如图 5-10 所示。

div.hm_header_box

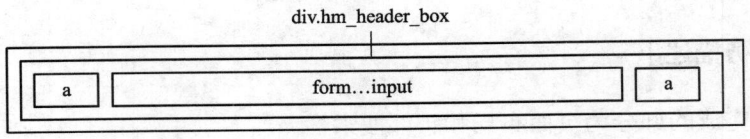

a	form…input	a

图 5-10　头部搜索栏

■ 【代码实现】

（1）在 index.html 中添加如下代码：

index.html

```
1    <!-- 搜索头部 -->
2    <header class="hm_header">
3       <div class="hm_header_box">
4          <a href="#" class="icon_logo"></a>
5          <!-- 搜索按钮 -->
6          <form action="#">
7             <span class="icon_search"></span>
8             <input type="search" placeholder="提示站位"/>
9          </form>
10         <a href="#" class="login">登录</a>
11      </div>
12   </header>
```

（2）编写 index.css 代码：

index.css

```
 1  // 头部搜索
 2  .hm_header{
 3      position: fixed;                         // 是以窗口最外层容器计算
 4      left: 0;
 5      top: 0;
 6      height: 40px;
 7      width: 100%;
 8      z-index: 1000;
 9  }
10  .hm_header > .hm_header_box{
11      width: 100%;
12      max-width: 640px;                        // 设计图的原因是不让它放大
13      min-width: 300px;                        // 为了更好地布局
14      margin: 0 auto;
15      background: rgba(201,21,35,0);   // 设置透明度
16      height: 40px;
17      position: relative;
18  }
19  .hm_header > .hm_header_box > .icon_logo{
20      width: 60px;
21      height: 36px;
22      position: absolute;
23      background-position: 0 -103px;
24      top: 4px;
25      left: 10px;
26  }
27  .hm_header > .hm_header_box > .login{
28      width: 50px;
29      height: 40px;
30      line-height: 40px;
31      text-align: center;
32      color: #fff;
33      position: absolute;
34      right: 0;
35      top: 0;
36      font-size: 15px;
37  }
38  .hm_header > .hm_header_box > form{
39      width: 100%;
40      padding-left: 75px;
41      padding-right: 50px;
42      height: 40px;
43      position: relative;
44  }
45  .hm_header > .hm_header_box > form > input{
46      width: 100%;
47      height: 30px;
48      border-radius: 15px;
49      margin-top: 5px;
50      padding-left: 30px;
51  }
```

```
52 .hm_header > .hm_header_box > form > .icon_search{
53    height: 20px;
54    width:20px;
55    position: absolute;
56    background-position: -60px -109px;
57    top: 10px;
58    left: 85px;
59 }
```

（3）编写 index.js 代码

index.js

```
1  // 页面加载完成之后执行
2  window.onload=function(){
3     // 搜索区块的颜色变化
4     search();
5  };
6  // 搜索区块的颜色变化
7  function search(){
8     /*
9      * 1.颜色随着 页面的滚动  逐渐加深
10     * 2.当我们超过  轮播图的   时候   颜色保持不变
11     * */
12
13     // 获取搜索盒子
14     var searchBox=document.querySelector('.hm_header_box');
15     // 获取 banner 盒子
16     var bannerBox = document.querySelector('.hm_banner');
17     // 获取高度
18     var h=bannerBox.offsetHeight;
19
20     // 监听 window 的滚动事件
21     window.onscroll=function(){
22        // 不断的获取离顶部的距离
23        var top=document.body.scrollTop;
24        var opacity=0;
25        if( top < h){
26           //1.颜色随着页面的滚动逐渐加深
27           opacity = top/h * 0.85
28        }else{
29           //2.当超过轮播图的时,颜色保持不变
30           opacity=0.85
31        }
32        // 把透明度设置上去
33        searchBox.style.background="rgba(201,21,35,"+opacity+")";
34
35     }
36 }
```

注意：在页面中 CSS 文件要放在上面，优化用户体验。JavaScript 引入文件要放在下面，减少页面响应的时间。

5.2.3 【任务3】 轮播图

■ 【任务描述】

很多电商网站会选择在网站头部做轮播图的区域，轮播图可以增加焦点信息量，在一个区域做多张宣传图。本任务将带领大家完成移动端轮播图的制作。轮播图效果如图 5-11 所示。

轮播图可以做到无缝滑动，效果如图 5-12 所示。

图 5-11 轮播图

图 5-12 滑动轮播图

■ 【任务分析】

轮播图要实现的功能点如下：

（1）可触屏左右滑动。

（2）移动端轮播图需要加一张图片来使轮播无缝衔接。

（3）让 img 的宽度等于屏幕的宽度，即随屏幕改变而改变。

了解了该任务要实现的效果后，分析一下页面结构，如图 5-13 所示。

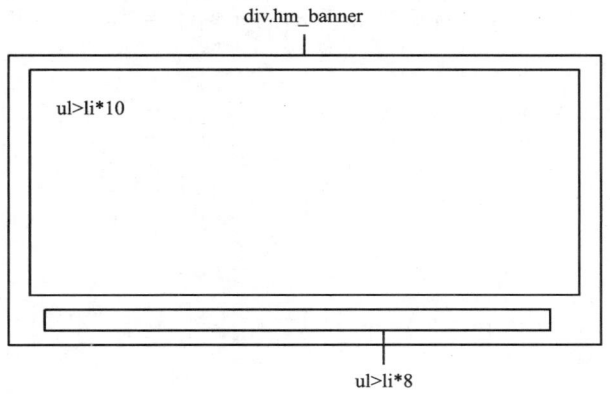

图 5-13 轮播图页面结构图

轮播图区域分为两部分：图片和轮播时随之变化的小圆点，这两部分都是使用 ul、li 来实现的。

■ 【代码实现】

对轮播图的页面结构有所了解后，开始编写代码。

（1）在 index.html 中添加如下代码：

index.html

```
1  <!-- 轮播图 -->
2      <div class="hm_banner">
3          <ul class="clearfix">
4              <li><a href="#"><img src="images/l8.jpg" alt=""/></a></li>
5              <li><a href="#"><img src="images/l1.jpg" alt=""/></a></li>
6              <li><a href="#"><img src="images/l2.jpg" alt=""/></a></li>
7              <li><a href="#"><img src="images/l3.jpg" alt=""/></a></li>
8              <li><a href="#"><img src="images/l4.jpg" alt=""/></a></li>
9              <li><a href="#"><img src="images/l5.jpg" alt=""/></a></li>
10             <li><a href="#"><img src="images/l6.jpg" alt=""/></a></li>
11             <li><a href="#"><img src="images/l7.jpg" alt=""/></a></li>
12             <li><a href="#"><img src="images/l8.jpg" alt=""/></a></li>
13             <li><a href="#"><img src="images/l1.jpg" alt=""/></a></li>
14         </ul>
15         <ul>
16             <li class="now"></li>
17             <li></li>
18             <li></li>
19             <li></li>
20             <li></li>
21             <li></li>
22             <li></li>
23             <li></li>
24         </ul>
25     </div>
```

在上述代码中，因为 ul 是浮动的，浮动的元素不占高度，所以给第一个 ul 加上一个类来清除浮动，如代码第 3 行所示。

（2）在 index.css 文件中添加样式代码：

index.css

```
1  // 轮播图
2  .hm_banner{
3      width: 100%;
4      position: relative;
5      overflow: hidden;
6  }
7  .hm_banner > ul:first-child{
8      width: 1000%;
9      -webkit-transform:translateX(-10%);// 尽可能做 webkit 内核的兼容
10     transform: translateX(-10%);
```

```
11 }
12 .hm_banner > ul:first-child > li{
13     width: 10%;
14     float: left;
15 }
16 .hm_banner > ul:first-child > li > a{
17     width: 100%;
18     display: block;
19 }
20 .hm_banner > ul:first-child > li > a > img{
21     width: 100%;
22     /*
23     font-size 0
24     block
25     vertical-align: middle;
26     */
27     display: block;
28 }
29 .hm_banner > ul:last-child{
30     width: 118px;
31     height: 6px;
32     position: absolute;
33     bottom: 6px;
34     left: 50%;
35     margin-left:-59px;
36 }
37 .hm_banner > ul:last-child > li{
38     width: 6px;
39     height: 6px;
40     float: left;
41     border-radius: 3px;
42     border: 1px solid #fff;
43     margin-left: 10px;
44 }
45 .hm_banner > ul:last-child > li.now{
46     background: #fff;
47 }
48 .hm_banner > ul:last-child > li:nth-child(1){
49     margin-left: 0;
50 }
```

在上述代码中，第 2～28 行百分比布局的百分比都是相对于父元素来设置的。

（3）在 index.js 文件中的 window.onload = function() 方法中添加 banner() 方法。然后在后面编写 banner() 的具体实现代码。

index.js

```
1 // 轮播图
2 function banner(){
3     /*
```

```
4        *  1. 自动地滚动起来              (定时器，过渡)
5        *  2. 点随之滚动起来             (改变当前点元素的样式)
6        *  3. 图片滑动                   (touch 事件)
7        *  4. 当不超过一定的滑动距离的时候吸附回去，定位回去 (一定的距离  1/3  屏
              幕宽度  过渡)
8        *  5. 当超过了一定的距离的时候滚动到上一张或下一张 (一定的距离  1/3  屏幕
              宽度  过渡)
9        *  */
10       // 获取到 dom 对象
11       //banner
12       var banner=document.querySelector('.hm_banner');
13       // 屏幕的宽度
14       var w=banner.offsetWidth;
15       // 图片盒子
16       var imageBox=banner.querySelector('ul:first-child');/*querySelector
         // 只支持有效的 css 选择器
17       // 点盒子
18       var pointBox=banner.querySelector('ul:last-child');
17       // 所有的点
20       var points=pointBox.querySelectorAll('li');
21       // 添加过渡
22       var addTransition=function () {
23           imageBox.style.webkitTransition="all .2s";       // 兼容
24           imageBox.style.transition="all .2s";
25       };
26       // 删除过渡
27       var removeTransition=function () {
28           imageBox.style.webkitTransition="none";          // 兼容
29           imageBox.style.transition="none";
30       };
31       // 改变位子
32       var setTranslateX = function(translateX){
33           imageBox.style.webkitTransform="translateX("+translateX+"px)";
34           imageBox.style.transform="translateX("+translateX+"px)";
35       };
36
37       //1. 自动的滚动起来 (定时器，过渡)
38       var index=1;
39       var timer = setInterval(function(){
40           // 箱子滚动
41           index  ++ ;
42           // 定位: 用过渡来做定位的，这样才有动画
43           // 加过渡
44           addTransition();
45           // 改变位子
46           setTranslateX(-index*w);
47       },4000);
48       // 绑定一个过渡结束事件
49       itcast.transitionEnd(imageBox,function(){
50           console.log('transitionEnd');
51           if(index >= 9){
```

```
52          index=1;
53          // 做定位
54          // 加过渡
55          removeTransition();
56          // 改变位子
57          setTranslateX(-index*w);
58      }else if(index <=0){
59          index=8;
60          // 加过渡
61          removeTransition();
62          // 改变位子
63          setTranslateX(-index*w);
64      }
65      //index 1 ~ 8    索引范围
66      //point 0 ~ 7
67      setPoint();
68  });
69
70  //2.点随之滚动起来 (改变当前点元素的样式)
71  var setPoint = function(){
72      // 把所有点的样式清除
73      for(var i=0; i<points.length ; i++){
74          points[i].className=" ";
75        //points[i].classList.remove('now');
76      }
77      points[index-1].className="now";
78  }
79  //3.图片滑动 (touch 事件)
80  var startX=0;
81  var moveX=0;
82  var distanceX=0;
83  var isMove=false;
84
85  imageBox.addEventListener('touchstart',function(e){
86      // 清除定时器
87      clearInterval(timer);
88      startX=e.touches[0].clientX;
89  });
90  imageBox.addEventListener('touchmove',function(e){
91      isMove=true;
92      moveX=e.touches[0].clientX;
93      distanceX=moveX-startX;//distanceX 值正负
94      // 算出当前图片盒子需要定位的位子
95      console.log(distanceX);
96      // 将要去做定位
97      var currX=-index*w + distanceX;
98      // 删除过渡
99      removeTransition();
100         // 改变位子
101         setTranslateX(currX);
102     });
```

```
103     imageBox.addEventListener('touchend',function(e){
104
105         // 当超过了一定的距离的时候
106         if(isMove && (Math.abs(distanceX) > w/3)){
107             /*5.当超过了一定的距离的时候滚动到上一张或下一张
                (一定的距离  1/3  屏幕宽度  过渡) */
108             if(distanceX > 0){
109                 index --;  // 向右滑  上一张
110             }else{
111                 index ++;  // 向左滑  下一张
112             }
113             addTransition();
114             setTranslateX(-index * w);
115         }
116         // 当不超过一定的滑动距离的时候
117         else {
118             /*4.当不超过一定的滑动距离的时候吸附回去,定位回去
                (一定的距离  1/3  屏幕宽度  过渡) */
119             addTransition();
120             setTranslateX(-index * w);
121         }
122         // 重置
123         startX=0;
124         moveX=0;
125         distanceX=0;
126         isMove=false;
127         // 添加定时器
128         clearInterval(timer);
129         timer=setInterval(function(){
130             // 箱子滚动
131             index  ++ ;
132             // 定位:用过渡来做定位的,这样才有动画
133             // 加过渡
134             addTransition();
135             // 改变位子
136             setTranslateX(-index*w);
137         },4000);
138     });
139 }
```

5.2.4 【任务4】导航栏

■ 【任务描述】

　　导航栏在电商网站中,无论是PC端还是移动端,都是不可缺少的内容。在移动端,为了方便用户点触,一般会设计成独立图标式,本项目导航栏如图5-14所示。

分类查询　　黑马超市　　购物车　　个人中心

充值中心　　黑马理财　　黑马培训　　黑马圈子

图 5-14 导航栏

■ 【任务分析】

在导航栏中，因为 8 个图标并不会跟着浏览器的大小而改变大小，改变的是容器的大小，所以只需将容器的百分比设置好即可。

了解了该任务要实现的效果后，分析一下页面结构，如图 5-15 所示。

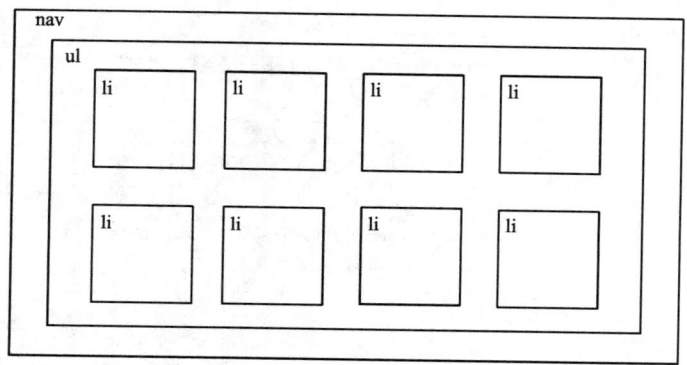

图 5-15　导航栏页面结构

由图 5-15 可以看出，导航栏的页面结构是由 ul、li 实现的。其中，ul 的宽度为100%，每个 li 的宽度为 25%。

■ 【代码实现】

对导航栏和公共商品盒子的页面结构有所了解后，开始编写代码。

（1）在 index.html 中添加如下代码：

index.html

```
1    <!-- 导航栏 -->
2       <nav class="hm_nav">
3          <ul class="clearfix">
4             <li>
5                <a href="#">
6                   <img src="images/nav0.png" alt=""/>
7                   <p> 分类查询 </p>
8                </a>
9             </li>
10            <li>
11               <a href="#">
12                  <img src="images/nav1.png" alt=""/>
13                  <p> 黑马超市 </p>
14               </a>
15            </li>
16            <li>
17               <a href="#">
18                  <img src="images/nav2.png" alt=""/>
19                  <p> 购物车 </p>
```

```
20                    </a>
21                </li>
22                <li>
23                    <a href="#">
24                        <img src="images/nav3.png" alt=""/>
25                        <p>个人中心 </p>
26                    </a>
27                </li>
28                <li>
29                    <a href="#">
30                        <img src="images/nav4.png" alt=""/>
31                        <p>充值中心 </p>
32                    </a>
33                </li>
34                <li>
35                    <a href="#">
36                        <img src="images/nav5.png" alt=""/>
37                        <p>黑马理财 </p>
38                    </a>
39                </li>
40                <li>
41                    <a href="#">
42                        <img src="images/nav6.png" alt=""/>
43                        <p>黑马培训 </p>
44                    </a>
45                </li>
46                <li>
47                    <a href="#">
48                        <img src="images/nav7.png" alt=""/>
49                        <p>黑马圈子 </p>
50                    </a>
51                </li>
52            </ul>
53        </nav>
```

（2）在 index.css 文件中添加如下样式代码：

index.css

```
1  // 导航栏模块
2  .hm_nav{
3      width: 100%;
4      background: #fff;
5      border-bottom: 1px solid #e0e0e0;
6  }
7  .hm_nav > ul{
8      width: 100%;
9      padding: 10px 0;
10 }
11 .hm_nav > ul > li{
12     width: 25%;
13     float: left;
14 }
15 .hm_nav > ul > li > a{
16     display: block;
```

```
17 }
18 .hm_nav > ul > li > a > img{
19     width: 40px;
20     height: 40px;
21     display: block;
22     margin: 0 auto;
23 }
24 .hm_nav > ul > li > a > p{
25     text-align: center;
26     color: #666;
27     font-size: 12px;
28     padding: 6px 0;
29 }
```

5.2.5 【任务5】 商品

■ 【任务描述】

本任务内容为整体商品展示模块，包括公共的商品盒子、秒杀区块和商品区块三部分。在页面中秒杀区块和商品区块的效果如图5-16所示。

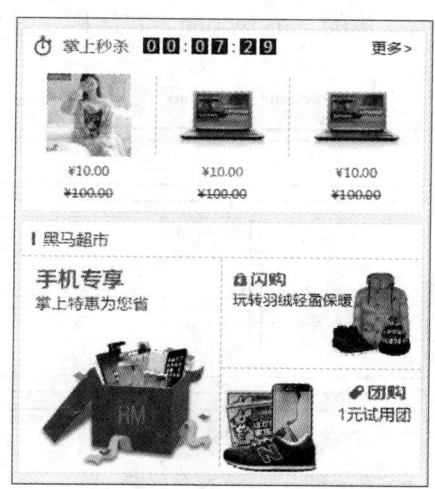

图5-16 秒杀区块和商品区块

■ 【任务分析】

1. 公共商品盒子

公共商品盒子表示所有商品展示区块的一个公共的框架。有了这个框架，可以展示各种组合样式的商品展示区域。观察图5-16可以发现，每个商品展示区域都有两部分：头和商品内容。公共商品盒子的结构如图5-17所示。

2. 秒杀区块

秒杀区块是在公共商品盒子中的一个section，其结构如图5-18所示。

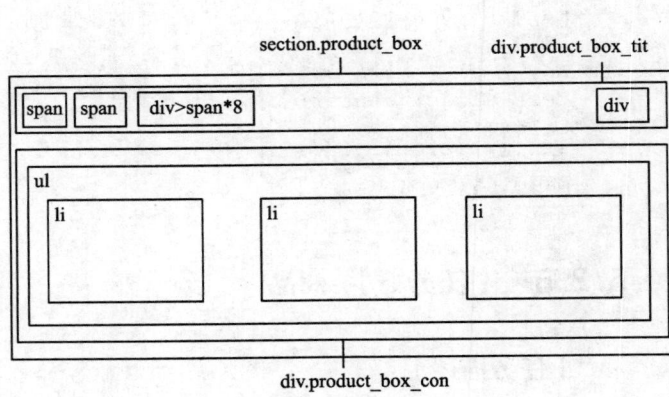

图 5-17　公共商品盒子的结构　　　　图 5-18　秒杀区块

3. 商品区块

商品区块是在公共商品盒子中的一个 section，其结构如图 5-19 所示。

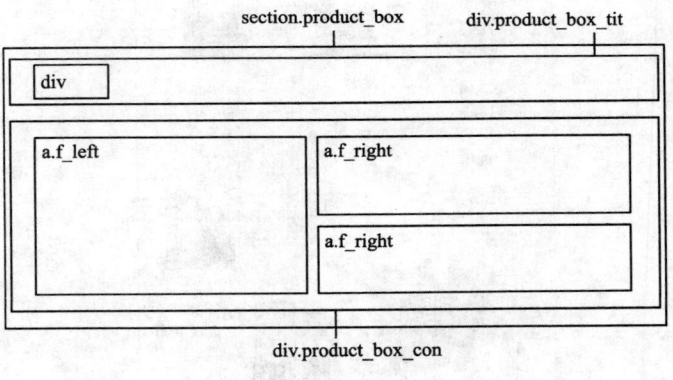

图 5-19　商品区块

【代码实现】

（1）在 index.html 中添加如下代码：

index.html

```
1  <!-- 商品 -->
2      <main class="hm_product">
3          <!-- 商品子盒子 -->
4          <section class="product_box hm_sk">
5              <!-- 头部 -->
6              <div class="product_box_tit no_border">
```

```
7              <div class="f_left m_l10">
8                      <span class="sk_icon"></span>
9                      <span class="sk_name m_l10">掌上秒杀</span>
10                     <div class="sk_time m_l10">
11                         <span>0</span>
12                         <span>0</span>
13                         <span>:</span>
14                         <span>0</span>
15                         <span>0</span>
16                         <span>:</span>
17                         <span>0</span>
18                         <span>0</span>
19                     </div>
20             </div>
21             <div class="f_right m_r10"><a href="#">更多 </a></div>
22         </div>
23         <!-- 内容 -->
24         <div class="product_box_con">
25             <ul class="clearfix">
26                 <li>
27                     <a href="#"><img src="images/detail01.jpg"
                                      alt=""/></a>
28                     <p>&yen;10.00</p>
29                     <p>&yen;100.00</p>
30                 </li>
31                 <li>
32                     <a href="#"><img src="images/detail02.jpg"
                                      alt=""/></a>
33                     <p>&yen;10.00</p>
34                     <p>&yen;100.00</p>
35                 </li>
36                 <li>
37                     <a href="#"><img src="images/detail02.jpg"
                            alt=""/></a>
38                     <p>&yen;10.00</p>
39                     <p>&yen;100.00</p>
40                 </li>
41             </ul>
42         </div>
43     </section>
44     <!-- 商品子盒子 -->
45     <section class="product_box">
46         <!-- 头部 -->
47         <div class="product_box_tit"><h3>黑马超市 </h3></div>
48         <!-- 内容 -->
49         <div class="product_box_con clearfix">
50             <a href="#" class="f_left w_50 b_right"><img
                   src="images/cp1.jpg" alt=""/></a>
51             <a href="#" class="f_right w_50 b_bottom"><img
                   src="images/cp2.jpg" alt=""/></a>
```

```
52              <a href="#" class="f_right w_50 "><img
                    src="images/cp3.jpg" alt=""/></a>
53          </div>
54      </section>
55      <!-- 商品子盒子 -->
56      <section class="product_box">
57          <!-- 头部 -->
58          <div class="product_box_tit"><h3>黑马超市 </h3></div>
59          <!-- 内容 -->
60          <div class="product_box_con clearfix">
61              <a href="#" class="f_right w_50 b_left"><img
                    src="images/cp4.jpg" alt=""/></a>
62              <a href="#" class="f_left w_50 b_bottom"><img
                    src="images/cp5.jpg" alt=""/></a>
63              <a href="#" class="f_left w_50"><img
                    src="images/cp6.jpg" alt=""/></a>
64          </div>
65      </section>
66      <!-- 商品子盒子 -->
67      <section class="product_box">
68          <!-- 头部 -->
69          <div class="product_box_tit"><h3>黑马超市 </h3></div>
70          <!-- 内容 -->
71          <div class="product_box_con clearfix">
72              <a href="#" class="f_left w_50 b_right"><img
                    src="images/cp1.jpg" alt=""/></a>
73              <a href="#" class="f_right w_50 b_bottom"><img
                    src="images/cp2.jpg" alt=""/></a>
74              <a href="#" class="f_right w_50 "><img
                    src="images/cp3.jpg" alt=""/></a>
75          </div>
76      </section>
77  </main>
78 </div>
```

（2）在 index.css 中添加如下代码：

index.css

```
1  // 商品主盒子
2  .hm_product{
3      padding: 0 5px;
4  }
5  .hm_product > .product_box{
6      width: 100%;
7      background: #fff;
8      margin-top: 10px;
9      box-shadow:0 0 1px #e0e0e0;
10 }
11 .hm_product > .product_box > .product_box_tit{
12     height: 32px;
```

```
13      line-height: 32px;
14      border-bottom: 1px solid #e0e0e0;
15 }
16 .hm_product > .product_box > .product_box_tit.no_border{
17      border-bottom: none;
18 }
19 .hm_product > .product_box > .product_box_tit > h3{
20      font-weight: normal;
21      font-size: 15px;
22      padding-left: 20px;
23      position: relative;
24      color: #666;
25 }
26 .hm_product > .product_box > .product_box_tit > h3::before{
27      /*
28          display block  position: absolute  float left
29      */
30      content:"";
31      position: absolute;
32      top: 10px;
33      left: 10px;
34      width: 3px;
35      height: 12px;
36      background: #d8505c;
37 }
38 // 掌上秒杀 second kill
39 .hm_sk{ }
40 .hm_sk .sk_icon{
41      background: url("../images/seckill-icon.png") no-repeat;
42      background-size: 16px 20px;
43      width: 16px;
44      height: 20px;
45      float: left;
46      margin-top: 6px;
47 }
48 .hm_sk .sk_name{
49      color: #d8505c;
50      font-size: 15px;
51      float: left;
52 }
53 .hm_sk .sk_time{
54      float: left;
55      margin-top:8px;
56 }
57 .hm_sk .sk_time > span{
58      float: left;
59      width: 15px;
60      height: 15px;
61      line-height: 15px;
62      text-align: center;
```

```
63      background: #333;
64      color: #fff;
65      margin-left: 3px;
66 }
67 .hm_sk .sk_time > span:nth-child(3n){
68      background: #fff;
69      color: #333;
70      width: 5px;
71 }
72
73 .hm_sk .product_box_con > ul{
74      width: 100%;
75      font-size: 12px;
76      padding: 10px 0;
77 }
78 .hm_sk .product_box_con > ul > li{
79      width: 33.333%;
80      float: left;
81      text-align: center;
82 }
83 .hm_sk .product_box_con > ul > li >a{
84      display: block;
85      width: 100%;
86      border-right: 1px solid #e0e0e0;
87 }
88 .hm_sk .product_box_con > ul > li:last-child > a{
89      border-right: 0;
90 }
91 .hm_sk .product_box_con > ul > li >a > img{
92      width: 64%;
93      display: block;
94      margin: 0 auto;
95 }
96 /*
97 E:first-of-type          选择 E 同类型的同级的第一个元素
98 E:last-of-type           选择 E 同类型的同级的最后个元素
99 E:nth-of-type(n)         选择 E 同类型的同级的第 n 个元素
100  */
101  .hm_sk .product_box_con > ul > li >p:first-of-type{
101      color: #d8505c;
103      padding-top: 5px;
104  }
105  .hm_sk .product_box_con > ul > li >p:last-of-type{
106      text-decoration: line-through;          // 删除线
107      color: #666;
108      padding-top: 5px;
109  }
110  // 组合样式
111  .w_50{
112      width: 50%;
```

```
113        display: block;
114    }
115    .w_50 > img{
116        display: block;
117        width: 100%;
118    }
119    .b_left{
120        border-left: 1px solid #e0e0e0;
121    }
122    .b_right{
123        border-right: 1px solid #e0e0e0;
124    }
125    .b_bottom{
126        border-bottom: 1px solid #e0e0e0;
127    }
```

　　首先在 index.js 文件中的 window.onload = function() 方法中添加 downTime() 方法，然后在后面编写 downTime() 的具体实现代码。

```
1    // 倒计时
2    function downTime(){
3        // 需要倒计时的时间
4        var time=5*60*60 ;
5        var timer=null;
6        // 操作 dom
7        var skTime=document.querySelector('.sk_time');
8        // 所有的 SPAN
9        var spans=skTime.querySelectorAll('span');
10       timer=setInterval(function(){
11           if(time<=0){
12               clearInterval(timer);
13               return false;
14           }
15           time -- ;
16           // 格式化
17           var h=Math.floor(time/3600);
18           var m=Math.floor(time%3600/60);
19           var s=time%60;
20           console.log(h);
21           console.log(m);
22           console.log(s);
23           spans[0].innerHTML=Math.floor(h/10);
24           spans[1].innerHTML=h%10;
25           spans[3].innerHTML=Math.floor(m/10);
26           spans[4].innerHTML=m%10;
27           spans[6].innerHTML=Math.floor(s/10);
28           spans[7].innerHTML=s%10;
29       },1000);
30   }
```

5.3 商品分类页

商品分类页与首页不同。分类页的布局为全屏页面，不限制最大、最小宽度，无滚动条。其中的一部分内容可以滑动，这种页面就很适合做电商的分类网页。因为这种形式是单页面而且是异步交互的形式。这样的页面需要高宽百分百，里面可滑动的内容溢出隐藏即可。本节将带领读者实现商品分类页。

5.3.1 【任务 6】 顶部通栏

■ 【任务描述】

从页面效果可以看出商品分类页面可以分为三部分：顶部通栏、左侧栏和右侧栏。本任务先带领读者完成顶部通栏的设计，如图 5-20 所示。

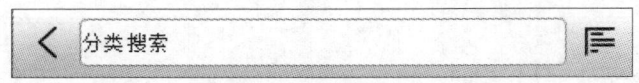

图 5-20 顶部通栏

■ 【任务分析】

在做顶部通栏时，需要思考的问题和注意的地方如下：

（1）按钮设置足够大，有良好的用户触控体验。

（2）将小图标居中显示在盒子当中。

（3）怎样将顶部通栏下剩余的高度分配给分类的左侧栏和右侧栏。

顶部通栏的结构图如图 5-21 所示。

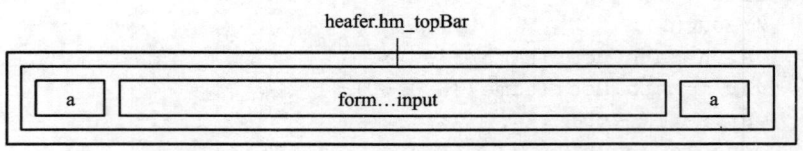

图 5-21 顶部通栏结构

■ 【代码实现】

（1）编写 category.html 代码：

category.html

```
1  <!-- 顶部通栏 -->
2  <header class="hm_topBar">
```

```
3        <a href="#" class="icon_back"></a>
4        <form action="#">
5            <input type="search" placeholder=" 分类搜索 "/>
6        </form>
7        <a href="#" class="icon_menu"></a>
8    </header>
```

（2）编写 base.css 代码：

base.css

```
1   // 定义顶部通栏
2   .hm_topBar{
3       width: 100%;
4       height: 45px;
5       background: url("../images/header-bg.png") repeat-x;
6       background-size: 1px 44px;
7       border-bottom: 1px solid #ccc;
8       position: absolute;
9   }
10  .hm_topBar > [class^="icon_"]{
11      position: absolute;
12      top: 0;
13      height: 44px;
14      width: 40px;
15      padding: 12px 10px;
16      background-clip: content-box;          // 设置背景从什么位子 开始显示
17      background-origin: content-box;        // 设置背景从什么位子 开始定位
18  }
19  .hm_topBar > .icon_back{
20      left: 0;
21      background-position: -20px 0;
22  }
23  .hm_topBar > .icon_menu{
24      right: 0;
25      background-position: -60px 0;
26  }
27  .hm_topBar > form{
28      width: 100%;
29      height: 44px;
30      padding: 0 40px;
31  }
32  .hm_topBar > form > input{
33      width: 100%;
34      border:1px solid #e0e0e0;
35      border-radius: 4px;
36      height: 30px;
37      margin-top: 7px;
38  }
39  .hm_topBar > h3{
40      text-align: center;
41      line-height: 44px;
42      font-weight: normal;
43  }
```

5.3.2 【任务 7】 左侧栏

■ 【任务描述】

本任务带领大家完成商品分类页的左侧栏（见图 5-22），其功能点如下：

（1）可以滑动，松手后可以恢复。用定位和过渡可以实现。

（2）选中即改变字体颜色。

图 5-22 商品分类左侧栏

■ 【任务分析】

了解了该任务要实现的效果后，分析一下右侧栏页面结构，如图 5-23 所示。

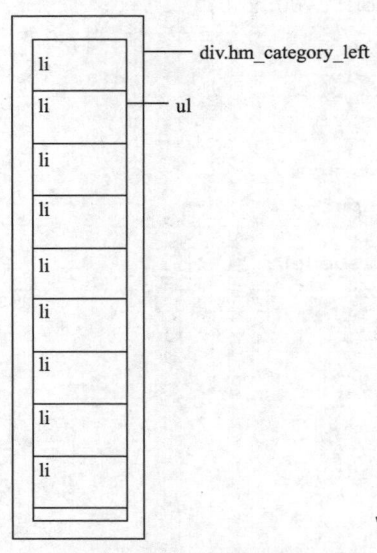

图 5-23 左侧栏页面结构

■ 【代码实现】

对分类页左侧栏的页面结构有所了解后，开始编写代码。

（1）在 category.html 中添加如下代码：

category.html

```
1    <!-- 一级分类 -->
2    <div class="hm_category_left">
3        <ul>
4            <li class=""><a href="javascript:;">热门推荐</a></li>
5            <li class="now"><a href="javascript:;">潮流女装</a></li>
6            <li class=""><a href="javascript:;">品牌男装</a></li>
7            <li class=""><a href="javascript:;">内衣配饰</a></li>
8            <li class=""><a href="javascript:;">家用电器</a></li>
9            <li class=""><a href="javascript:;">电脑办公</a></li>
10           <li class=""><a href="javascript:;">手机数码</a></li>
11           <li class=""><a href="javascript:;">母婴频道</a></li>
12           <li class=""><a href="javascript:;">图书</a></li>
13           <li class=""><a href="javascript:;">家居家纺</a></li>
14           <li class=""><a href="javascript:;">居家生活</a></li>
15           <li class=""><a href="javascript:;">家具建材</a></li>
16           <li class=""><a href="javascript:;">热门推荐</a></li>
17           <li class=""><a href="javascript:;">潮流女装</a></li>
18           <li class=""><a href="javascript:;">品牌男装</a></li>
19           <li class=""><a href="javascript:;">内衣配饰</a></li>
20           <li class=""><a href="javascript:;">家用电器</a></li>
21           <li class=""><a href="javascript:;">电脑办公</a></li>
22           <li class=""><a href="javascript:;">手机数码</a></li>
23           <li class=""><a href="javascript:;">母婴频道</a></li>
24           <li class=""><a href="javascript:;">图书</a></li>
25           <li class=""><a href="javascript:;">家居家纺</a></li>
26           <li class=""><a href="javascript:;">居家生活</a></li>
27           <li class=""><a href="javascript:;">家具建材</a></li>
28       </ul>
29   </div>
```

（2）在 category.css 文件中添加如下样式代码：

category.css

```
1   // 左侧栏
2   .hm_category_left{
3       width: 90px;
4       height: 100%;
5       overflow: hidden;
6       float: left;
7   }
8   .hm_category_left>ul{
9   
10  }
11  .hm_category_left>ul>li{
```

```
12      width: 90px;
13      height: 50px;
14      text-align: center;
15      line-height: 50px;
16      border-right: 1px solid #ccc;
17      border-bottom: 1px solid #ccc;
18 }
19 .hm_category_left>ul>li a{
20      display: block;
21 }
22 .hm_category_left>ul>li.now{
23      border-right: none;
24
25 }
26 .hm_category_left>ul>li.now a{
27      color: #d8505c;
28 }
```

（3）在 category.js 文件中添加如下样式代码：

category.js

```
1  window.onload=function(){
2      leftSwipe();
3      itcast.iScroll({
4          swipeDom:document.querySelector('.hm_category_right'),
5          swipeType:'y',
6          swipeDistance:100
7      });
8  };
9  // 左侧的滑动效果
10 function leftSwipe(){
11     /*
12     * 1.滑动   touch
13     * 2.在一定的区间范围内滑动，通过控制滑动定位区间实现
14     * 3.在一定的区间内做定位、定位区间
15     * 4.点击滑动到顶部改变当前的样式，当滑动到底部的时候不需要做定位 tap
16     * */
17     // 获取 dom 元素
18     // 父盒子
19     var parentBox = document.querySelector('.hm_category_left');
20     // 子盒子
21     var childBox=parentBox.querySelector('ul');
22     var parentHeight=parentBox.offsetHeight;
23     var childHeight = childBox.offsetHeight;
24     // 定位区间 */
25     var maxPosition=0;                             // 最大的定位区间
26     var minPosition=parentHeight-childHeight;      // 最小的定位区间
27     // 缓冲的距离
28     var distance=150;
29     // 滑动区间
30     var maxSwipe=maxPosition + 150;                        // 最大滑动区间
```

```
31        var minSwipe=minPosition - 150;                      // 最小滑动区间
32        // 添加过渡
33        var addTransition=function(){
34            childBox.style.webkitTransition="all .2s";        // 兼容
35            childBox.style.transition="all.2s";
36        };
37        // 删除过渡
38        var removeTransition=function(){
39            childBox.style.webkitTransition="none";    // 兼容
40            childBox.style.transition="none";
41        };
42        // 改变位子
43        var setTranslateY = function(translateY){
44            childBox.style.webkitTransform="translateY("+translateY+"px)";
45            childBox.style.transform="translateY("+translateY+"px)";
46        };
47        //1. 滑动   touch
48        // 参数
49        var startY=0;
50        var moveY=0;
51        var distanceY=0;
52  /*
53        var isMove=false;
54  */
55        // 记录当前定位
56        var currY=0;
57        childBox.addEventListener('touchstart',function(e){
58            startY=e.touches[0].clientY;
59        });
60        childBox.addEventListener('touchmove',function(e){
61            moveY = e.touches[0].clientY;
62            distanceY = moveY - startY;
63            //2. 在一定的区间范围内滑动, 通过控制滑动定位区间实现
64            // 我们将要去做定位的位子, 要在滑动区间范围内
65            if((currY + distanceY) < maxSwipe && (currY + distanceY) >
                   minSwipe){
66                // 删除过渡
67                removeTransition();
68                // 做定位
69                setTranslateY(currY+distanceY);
70            }
71        });
72        // 避免模拟器上的 bug 问题, 事件冒泡机制
73        window.addEventListener('touchend',function(e){
74            //3. 在一定的区间内做定位、定位区间
75            // 将要定位的位子大于最大定位时
76            if((currY+distanceY) > maxPosition){
77                currY=maxPosition;
78                //加过渡
79                addTransition();
80                // 设置位子
```

```
81              setTranslateY(currY);
82          }
83          // 将要定位的位子小于最小定位时
84          else  if ((currY + distanceY) < minPosition){
85              currY = minPosition;
86              // 加过渡
87              addTransition();
88              // 设置位子
89              setTranslateY(currY);
90          }
91          // 正常
92          else {
93              // 设置当前的定位
94              currY=currY + distanceY;
95          }
96          // 重置参数
97          startY=0;
98          moveY=0;
99          distanceY=0;
100     });
101
102     //4.点击滑动到顶部改变当前的样式，当滑动到底部的时候不需要做定位   tap*/
103     var lis=childBox.querySelectorAll('li');
104     itcast.tap(childBox,function(e){
105         /* 清除所有里的当前样式 */
106         for(var i =0;i<lis.length;i++){
107             lis[i].className=" ";
108             lis[i].index=i;
109         }
110         var li=e.target.parentNode;/* 当前点击的 li*//* 触发源 */
111         li.className='now';
112         // 将当前需要去定位的位子计算出来
113         console.log(li.index);
114         var translateY=-li.index*50;        // 向上滑动
115         // 当超过了最小定位区间时不能定位
116         // 满足定位
117         if(translateY>minPosition){
118             currY=translateY;
119             // 加过渡
120             addTransition();
121             // 去做定位
122             setTranslateY(currY);
123         }else{
124             currY=minPosition;
125             // 加过渡
126             addTransition();
127             // 去做定位
128             setTranslateY(currY);
129         }
130     });
```

5.3.3 【任务8】 右侧栏

■ 【**任务描述**】

右侧栏效果图如图 5-24 所示。

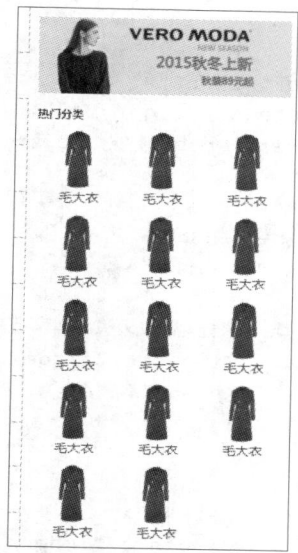

图 5-24　商品分类页右侧栏

■ 【**任务分析**】

了解了该任务要实现的效果后，分析一下页面结构，如图 5-25 所示。

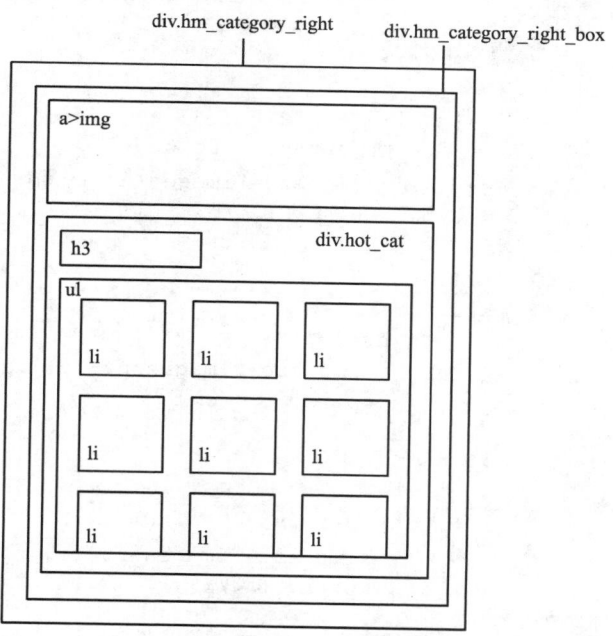

图 5-25　产品模块页面结构

■ 【代码实现】

对分类页右侧栏的页面结构有所了解后，开始编写代码。

（1）在 category.html 中添加如下代码：

category.html

```
1     <!-- 二级分类 -->
2     <div class="hm_category_right">
3         <div class="hm_category_right_box">
4             <a class="banner" href="#"><img src="images/banner_1.jpg"
                  alt=""/></a>
5             <div class="hot_cat">
6                 <h3> 热门分类 </h3>
7                 <ul class="clearfix">
8                     <li>
9                         <a href="#">
10                            <img src="images/nv-fy.jpg" alt=""/>
11                            <p> 毛大衣 </p>
12                        </a>
13                    </li>
14                    <li>
15                        <a href="#">
16                            <img src="images/nv-fy.jpg" alt=""/>
17                            <p> 毛大衣 </p>
18                        </a>
19                    </li>
20                    <li>
21                        <a href="#">
22                            <img src="images/nv-fy.jpg" alt=""/>
23                            <p> 毛大衣 </p>
24                        </a>
25                    </li>
26                    <li>
27                        <a href="#">
28                            <img src="images/nv-fy.jpg" alt=""/>
29                            <p> 毛大衣 </p>
30                        </a>
31                    </li>
32                    <li>
33                        <a href="#">
34                            <img src="images/nv-fy.jpg" alt=""/>
35                            <p> 毛大衣 </p>
36                        </a>
37                    </li>
38                    <li>
39                        <a href="#">
40                            <img src="images/nv-fy.jpg" alt=""/>
41                            <p> 毛大衣 </p>
42                        </a>
```

```
43                          </li>
44                          <li>
45                              <a href="#">
46                                  <img src="images/nv-fy.jpg" alt=""/>
47                                  <p>毛大衣</p>
48                              </a>
49                          </li>
50                          <li>
51                              <a href="#">
52                                  <img src="images/nv-fy.jpg" alt=""/>
53                                  <p>毛大衣</p>
54                              </a>
55                          </li>
56                          <li>
57                              <a href="#">
58                                  <img src="images/nv-fy.jpg" alt=""/>
59                                  <p>毛大衣</p>
60                              </a>
61                          </li>
62                          <li>
63                              <a href="#">
64                                  <img src="images/nv-fy.jpg" alt=""/>
65                                  <p>毛大衣</p>
66                              </a>
67                          </li>
68                          <li>
69                              <a href="#">
70                                  <img src="images/nv-fy.jpg" alt=""/>
71                                  <p>毛大衣</p>
72                              </a>
73                          </li>
74                          <li>
75                              <a href="#">
76                                  <img src="images/nv-fy.jpg" alt=""/>
77                                  <p>毛大衣</p>
78                              </a>
79                          </li>
80                          <li>
81                              <a href="#">
82                                  <img src="images/nv-fy.jpg" alt=""/>
83                                  <p>毛大衣</p>
84                              </a>
85                          </li>
86                          <li>
87                              <a href="#">
88                                  <img src="images/nv-fy.jpg" alt=""/>
89                                  <p>毛大衣</p>
90                              </a>
91                          </li>
92                      </ul>
93                  </div>
```

```
94              <div class="hot_cat">
95                  <h3> 热门分类 </h3>
96                  <ul class="clearfix">
97                      <li>
98                          <a href="#">
99                              <img src="images/nv-fy.jpg" alt=""/>
100                                 <p> 毛大衣 </p>
101                         </a>
102                     </li>
103                     <li>
104                         <a href="#">
105                             <img src="images/nv-fy.jpg" alt=""/>
106                                 <p> 毛大衣 </p>
107                         </a>
108                     </li>
109                     <li>
110                         <a href="#">
111                             <img src="images/nv-fy.jpg" alt=""/>
112                                 <p> 毛大衣 </p>
113                         </a>
114                     </li>
115                     <li>
116                         <a href="#">
117                             <img src="images/nv-fy.jpg" alt=""/>
118                                 <p> 毛大衣 </p>
119                         </a>
120                     </li>
121                     <li>
122                         <a href="#">
123                             <img src="images/nv-fy.jpg" alt=""/>
124                                 <p> 毛大衣 </p>
125                         </a>
126                     </li>
127                     <li>
128                         <a href="#">
129                             <img src="images/nv-fy.jpg" alt=""/>
130                                 <p> 毛大衣 </p>
131                         </a>
132                     </li>
133                     <li>
134                         <a href="#">
135                             <img src="images/nv-fy.jpg" alt=""/>
136                                 <p> 毛大衣 </p>
137                         </a>
138                     </li>
139                     <li>
140                         <a href="#">
141                             <img src="images/nv-fy.jpg" alt=""/>
142                                 <p> 毛大衣 </p>
143                         </a>
144                     </li>
```

```
145                     <li>
146                         <a href="#">
147                             <img src="images/nv-fy.jpg" alt=""/>
148                             <p>毛大衣</p>
149                         </a>
150                     </li>
151                     <li>
152                         <a href="#">
153                             <img src="images/nv-fy.jpg" alt=""/>
154                             <p>毛大衣</p>
155                         </a>
156                     </li>
157                     <li>
158                         <a href="#">
159                             <img src="images/nv-fy.jpg" alt=""/>
160                             <p>毛大衣</p>
161                         </a>
162                     </li>
163                     <li>
164                         <a href="#">
165                             <img src="images/nv-fy.jpg" alt=""/>
166                             <p>毛大衣</p>
167                         </a>
168                     </li>
169                     <li>
170                         <a href="#">
171                             <img src="images/nv-fy.jpg" alt=""/>
172                             <p>毛大衣</p>
173                         </a>
174                     </li>
175                     <li>
176                         <a href="#">
177                             <img src="images/nv-fy.jpg" alt=""/>
178                             <p>毛大衣</p>
179                         </a>
180                     </li>
181                 </ul>
182             </div>
183         </div>
184     </div>
```

（2）在 category.css 文件中添加如下样式代码：

category.css

```
1  // 右侧栏
2  .hm_category_right{
3      overflow: hidden;
4      height: 100%;
5  }
6  .hm_category_right_box{
7      padding: 0 10px;
```

```
8  }
9  .hm_category_right_box>.banner{
10     width: 100%;
11     padding-top: 10px;
12     display: block;
13  }
14 .hm_category_right_box>.banner>img{
15     width: 100%;
16  }
17 .hot_cat{
18     margin-top: 10px;
19  }
20 .hot_cat>h3{
21     font-size: 12px;
22  }
23 .hot_cat>ul{
24     width: 100%;
25  }
26 .hot_cat>ul>li{
27     width: 33.333%;
28     float: left;
29  }
30 .hot_cat>ul>li>a{
31     display: block;
32     text-align: center;
33     padding-top: 10px;
34  }
35 .hot_cat>ul>li>a>img{
36     width: 62px;
37     height: 62px;
38     margin: 0 auto;
39     display: block;
40  }
```

5.4 购物车页面

5.4.1 【任务 9】 购物车页面

■ 【任务描述】

购物车页面的特点有两个：

（1）全屏页面，内容并无限制。

（2）宽度自适应，高度自动撑开。

购物车页面效果如图 5-26 所示。

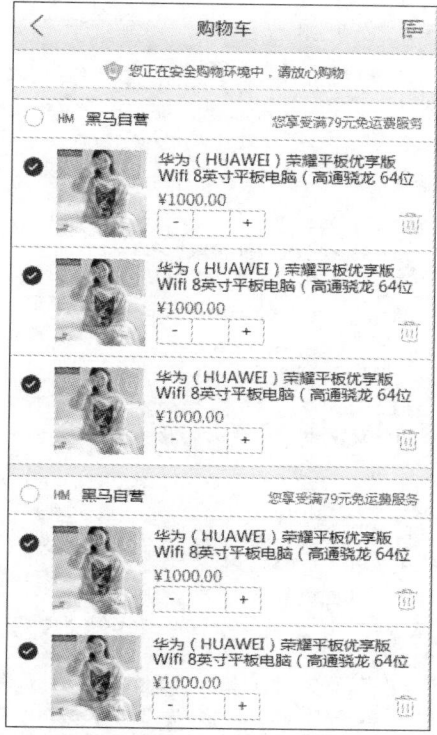

图 5-26　购物车页面

【任务分析】

了解该任务要实现的效果后，分析一下页面结构，如图 5-27 所示。

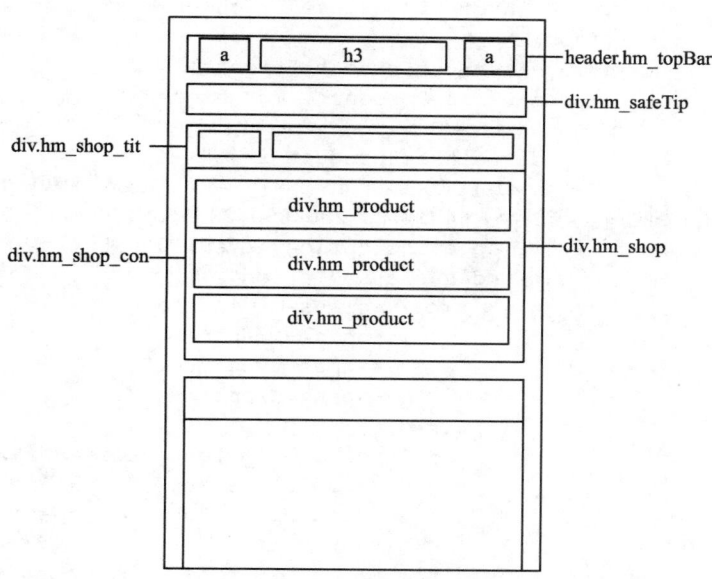

图 5-27　购物车页面结构

【代码实现】

（1）编写 cart.html 代码：

cart.html

```
1   <!-- 顶部通栏 -->
2       <header class="hm_topBar">
3           <a href="#" class="icon_back"></a>
4           <h3> 购物车 </h3>
5           <a href="#" class="icon_menu"></a>
6       </header>
7       <!-- 安全提示 -->
8       <div class="hm_safeTip">
9           <p> 您正在安全购物环境中，请放心购物 </p>
10      </div>
11      <!-- 店铺 -->
12      <div class="hm_shop">
13          <div class="hm_shop_tit">
14              <div class="hm_shop_tit_left">
15                  <a href="#" class="hm_check_box"></a>
16              </div>
17              <div class="hm_shop_tit_right">
18                  <img class="imgBox" src="images/buy-logo.png" alt=""/>
19                  <span class="name m_l10"> 黑马自营 </span>
20                  <span class="tip m_r10"> 您享受满 79 元免运费服务 </span>
21              </div>
22          </div>
23          <div class="hm_shop_con">
24              <div class="hm_product">
25                  <div class="hm_product_left">
26                      <a href="#" class="hm_check_box" checked></a>
27                  </div>
28                  <div class="hm_product_right">
29                      <a class="product_img" href="#"><img
                            src="images/detail01.jpg" alt=""/></a>
30                      <div class="product_info">
31                      <a class="name" href="#"> 华为 (HUAWEI) 荣耀平板优享版
    Wifi 8 英寸平板电脑 (高通骁龙 64 位四核 1280×800 2G/16G 4800mAh) 香槟金 </a>
32                          <p class="price">&yen;1000.00</p>
33                          <div class="option">
34                              <div class="f_left">
35                                  <span>-</span>
36                                  <input type="tel"/>
37                                  <span>+</span>
38                              </div>
39                              <div class="f_right deleteBox">
40                                  <span class="up"></span>
41                                  <span class="down"></span>
42                              </div>
43                          </div>
44                      </div>
```

```
45                    </div>
46                </div>
47                <div class="hm_product">
48                    <div class="hm_product_left">
49                        <a href="#" class="hm_check_box" checked></a>
50                    </div>
51                    <div class="hm_product_right">
52                        <a class="product_img" href="#"><img
                                src="images/detail01.jpg" alt=""/></a>
53                        <div class="product_info">
54                        <a class="name" href="#">华为（HUAWEI）荣耀平板优享版 Wifi
        8 英寸平板电脑（高通骁龙 64 位四核 1280×800 2G/16G 4800mAh）香槟金 </a>
55                            <p class="price">&yen;1000.00</p>
56                            <div class="option">
57                                <div class="f_left">
58                                    <span>-</span>
59                                    <input type="tel"/>
60                                    <span>+</span>
61                                </div>
62                                <div class="f_right deleteBox">
63                                    <span class="up"></span>
64                                    <span class="down"></span>
65                                </div>
66                            </div>
67                        </div>
68                    </div>
69                </div>
70                <div class="hm_product">
71                    <div class="hm_product_left">
72                        <a href="#" class="hm_check_box" checked></a>
73                    </div>
74                    <div class="hm_product_right">
75                        <a class="product_img" href="#"><img
                                src="images/detail01.jpg" alt=""/></a>
76                        <div class="product_info">
77                            <a class="name" href="#">华为（HUAWEI）荣耀平板优享版
        Wifi 8 英寸平板电脑（高通骁龙 64 位四核 1280×800 2G/16G 4800mAh）香槟金 </a>
78                            <p class="price">&yen;1000.00</p>
79                            <div class="option">
80                                <div class="f_left">
81                                    <span>-</span>
82                                    <input type="tel"/>
83                                    <span>+</span>
84                                </div>
85                                <div class="f_right deleteBox">
86                                    <span class="up"></span>
87                                    <span class="down"></span>
88                                </div>
89                            </div>
90                        </div>
91                    </div>
92                </div>
93        </div>
```

```
94      </div>
95      <!-- 店铺 -->
96      <div class="hm_shop">
97          <div class="hm_shop_tit">
98              <div class="hm_shop_tit_left">
99                  <a href="#" class="hm_check_box"></a>
100             </div>
101             <div class="hm_shop_tit_right">
102                 <img class="imgBox" src="images/buy-logo.png" alt=""/>
103                 <span class="name m_l10">黑马自营 </span>
104                 <span class="tip m_r10"> 您享受满 79 元免运费服务 </span>
105             </div>
106         </div>
107         <div class="hm_shop_con">
108             <div class="hm_product">
109                 <div class="hm_product_left">
110                     <a href="#" class="hm_check_box" checked></a>
111                 </div>
112                 <div class="hm_product_right">
113                     <a class="product_img" href="#"><img
                            src="images/detail01.jpg" alt=""/></a>
114                     <div class="product_info">
115                         <a class="name" href="#"> 华为（HUAWEI）荣耀平板优享版 Wifi
        8 英寸平板电脑（高通骁龙 64 位四核 1280×800 2G/16G 4800mAh）香槟金 </a>
116                             <p class="price">&yen;1000.00</p>
117                             <div class="option">
118                                 <div class="f_left">
119                                     <span>-</span>
120                                     <input type="tel"/>
121                                     <span>+</span>
122                                 </div>
123                                 <div class="f_right">
124                                     <span class="up"></span>
125                                     <span class="down"></span>
126                                 </div>
127                             </div>
128                         </div>
129                     </div>
130                 </div>
131             <div class="hm_product">
132                 <div class="hm_product_left">
133                     <a href="#" class="hm_check_box" checked></a>
134                 </div>
135                 <div class="hm_product_right">
136                     <a class="product_img" href="#"><img
        src="images/detail01.jpg" alt=""/></a>
137                     <div class="product_info">
138                         <a class="name" href="#"> 华为（HUAWEI）荣耀平板优享版
        Wifi 8 英寸平板电脑（高通骁龙 64 位四核 1280×800 2G/16G 4800mAh）香槟金 </a>
139                             <p class="price">&yen;1000.00</p>
140                             <div class="option">
141                                 <div class="f_left">
142                                     <span>-</span>
```

```
143                                 <input type="tel"/>
144                                 <span>+</span>
145                             </div>
146                             <div class="f_right">
147                                 <span class="up"></span>
148                                 <span class="down"></span>
149                             </div>
150                         </div>
151                     </div>
152                 </div>
153             </div>
154             <div class="hm_product">
155                 <div class="hm_product_left">
156                     <a href="#" class="hm_check_box" checked></a>
157                 </div>
158                 <div class="hm_product_right">
159                     <a class="product_img" href="#"><img
                        src="images/detail01.jpg" alt=""/></a>
160                     <div class="product_info">
161                         <a class="name" href="#">华为（HUAWEI）荣耀平板优享版
       Wifi 8 英寸平板电脑（高通骁龙 64 位四核 1280×800 2G/16G 4800mAh）香槟金</a>
162                         <p class="price">&yen;1000.00</p>
163                         <div class="option">
164                             <div class="f_left">
165                                 <span>-</span>
166                                 <input type="tel"/>
167                                 <span>+</span>
168                             </div>
169                             <div class="f_right">
170                                 <span class="up"></span>
171                                 <span class="down"></span>
172                             </div>
173                         </div>
174                     </div>
175                 </div>
176             </div>
177         </div>
178     </div>
```

（2）编写 cart.css 代码：

cart.css

```
1  body{
2      background: #f5f5f5;
3      min-width: 300px;
4  }
5  .hm_topBar{
6      position: static;
7  }
8  .hm_safeTip{
9      height: 34px;
10     border-bottom: 1px solid #e0e0e0;
11     line-height: 33px;
```

```
12        background: #fff;
13        text-align: center;
14 }
15 .hm_safeTip>p{
16        position: relative;
17        font-size: 12px;
18        color: #666;
19        display: inline-block;
20        padding-left: 23px;
21 }
22 .hm_safeTip>p::before{
23        content: "";
24        position: absolute;
25        top: 8px;
26        left: 0;
27        background: url("../images/safe_icon.png") no-repeat;
28        background-size: 18px 18px;
29        width: 18px;
30        height: 18px
31 }
32 // 店铺
33 .hm_shop{
34        border-bottom: 1px solid #ccc;
35        border-top: 1px solid #ccc;
36        background: #fff;
37        margin-top: 10px;
38 }
39 .hm_shop>.hm_shop_tit{
40        height: 34px;
41        line-height: 34px;
42        position: relative;
43 }
44 .hm_shop>.hm_shop_tit>.hm_shop_tit_left{
45        position: absolute;
46        width: 40px;
47 }
48 .hm_shop > .hm_shop_tit>.hm_shop_tit_right{
49        width: 100%;
50        padding-left: 40px;
51 }
52 .hm_shop>.hm_shop_tit>.hm_shop_tit_right > .imgBox{
53        float: left;
54        width: 15px;
55        height: 13px;
56        margin-top: 10px;
57 }
58 .hm_shop>.hm_shop_tit>.hm_shop_tit_right > .name{
59        float: left;
60 }
61 .hm_shop > .hm_shop_tit > .hm_shop_tit_right > .tip{
62        float: right;
63        color: #d8505c;
64        font-size: 12px;
```

```
65 }
66 .hm_shop>.hm_shop_con{
67 }
68 // 商品盒子
69 .hm_product{
70     border-top: 1px solid #ccc;
71     height: 100px;
72     padding: 10px 0;
73 }
74 .hm_product_left{
75     position: absolute;
76     width: 40px;
77 }
78 .hm_product_right{
79     width: 100%;
80     padding-left: 40px;
81 }
82 .hm_product_right .product_img{
83     height: 80px;
84     width: 80px;
85     float: left;
86 }
87 .hm_product_right .product_img img{
88     width: 100%;
89     height: 100%;
90 }
91 .hm_product_right .product_info{
92     overflow: hidden;
93     padding: 0 10px;
94 }
95 .hm_product_right .product_info .name{
96     height: 30px;
97     line-height: 15px;
98     display: block;
99     overflow: hidden;
100   }
101   .hm_product_right .product_info .price{
102       color: #d8505c;
103       padding-top: 5px;
104   }
105
106   .option{
107
108   }
109   .option .f_left span{
110       border: 1px solid #ccc;
111       height: 24px;
112       width: 32px;
113       float: left;
114       text-align: center;
115   }
116   .option .f_left span:first-of-type{
```

```
117        border-top-left-radius: 2px;
118        border-bottom-left-radius: 2px;
119    }
120    .option .f_left span:last-of-type{
121        border-top-right-radius: 2px;
122        border-bottom-right-radius: 2px;
123    }
124    .option .f_left input{
125        border-top: 1px solid #ccc;
126        border-bottom: 1px solid #ccc;
127        height: 24px;
138        width: 32px;
129        float: left;
130        text-align: center;
131    }
132    .option .f_right .up{
133        background: url("../images/delete_up.png") no-repeat;
134        background-size: 20px 5px;
135        width: 20px;
136        height: 5px;
137        display: block;
138        margin-left: -1px;
139    }
140    .option .f_right .down{
141        background: url("../images/delete_down.png") no-repeat;
142        background-size: 18px 18px ;
143        width: 18px;
144        height: 18px;
145        display: block;
146        margin-top: -2px;
147    }
148    // 复选框
149    .hm_check_box{
150        height: 34px;
151        width: 40px;
152        padding: 7px 10px;
153        background: url("../images/shop-icon.png") no-repeat;
154        background-size: 50px 100px;
155        background-origin: content-box;
156        background-clip: content-box;
157        display: block;
158    }
159    .hm_check_box[checked]{
160        background-position: -25px 0;
161    }
```

5.4.2 【任务10】 弹出框动画

【任务描述】

弹出框动画的页面效果为：背景半透明、弹出框位于手机屏幕中心偏上，如图 5-28

所示。

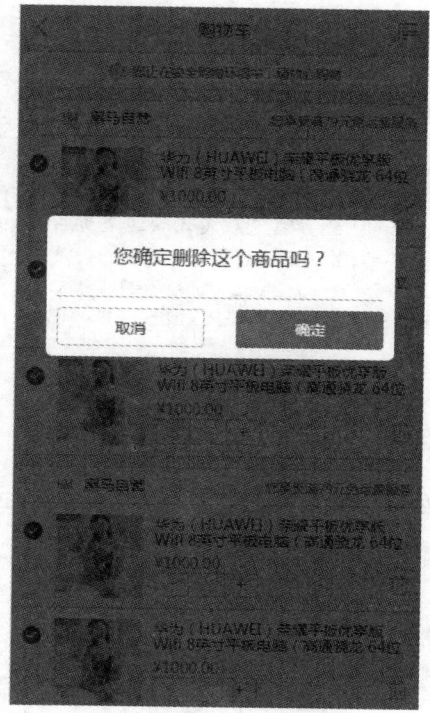

图 5-28　弹出框动画

【任务分析】

了解该任务要实现的效果后，分析一下页面结构，如图 5-29 所示。

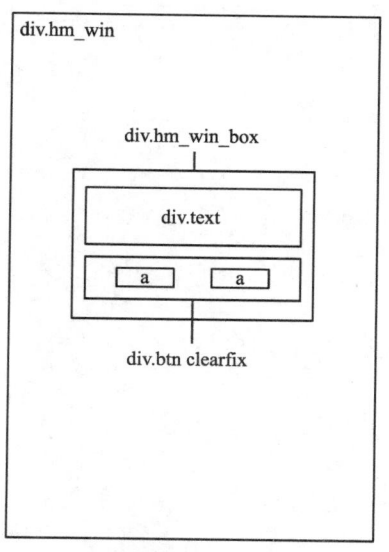

图 5-29　弹出框结构图

【代码实现】

（1）在 cart.html 中添加如下代码：

cart.html

```
1  <!-- 弹出层 -->
2      <div class="hm_win">
3          <div class="hm_win_box">
4              <div class="text"> 您确定删除这个商品吗？ </div>
5              <div class="btn clearfix">
6                  <a href="#" class="cancel"> 取消 </a>
7                  <a href="#" class="submit"> 确定 </a>
8              </div>
9          </div>
10     </div>
11 <script src="js/cart.js"></script>
```

（2）在 cart.css 中添加如下代码：

cart.css

```
1  // 弹出框
2  .hm_win{
3      position: fixed;
4      top: 0;
5      left: 0;
6      width: 100%;
7      height: 100%;
8      background: rgba(0,0,0,0.6);
9      display: none;
10 }
11 .hm_win>.hm_win_box{
12     width: 85%;
13     background: #fff;
14     margin: 0 auto;
15     border-radius: 6px;
16     padding: 0 10px;
17     margin-top: 200px;
18 }
19 .hm_win>.hm_win_box>.text{
20     line-height: 75px;
21     text-align: center;
22     font-size: 18px;
23     border-bottom: 1px solid #ccc;
24 }
25 .hm_win > .hm_win_box>.btn{
26     padding: 10px 0;
27 }
28 .hm_win > .hm_win_box>.btn a{
29     width: 45%;
30     height: 36px;
```

```
31        line-height: 36px;
32        text-align: center;
33        float: left;
34        border-radius: 4px;
35 }
36 .hm_win>.hm_win_box>.btn >.cancel{
37        margin-right: 10%;
38        border: 1px solid #ccc;
39 }
40 .hm_win > .hm_win_box>.btn>.submit{
41        background: #d8505c;
42        color: #fff;
43 }
44
45 .bounceInDown{
46        -webkit-animation: bounceInDown 1s;
47        animation: bounceInDown 1s;
48 }
49
50 @keyframes bounceInDown {
51        0%{
52            opacity: 0;
53            -webkit-transform: translateY(-3000px);
54            transform: translateY(-3000px);
55        }
56        60%{
57            opacity: 1;
58            -webkit-transform: translateY(30px);
59            transform: translateY(30px);
60        }
61        75%{
62            -webkit-transform: translateY(-15px);
63            transform: translateY(-15px);
64        }
65        90%{
66            -webkit-transform: translateY(5px);
67            transform: translateY(5px);
68        }
69        100%{
70            opacity: 1;
71            -webkit-transform: none;
72            transform: none;
73        }
74 }
75 @-webkit-keyframes bounceInDown {
76        0%{
77            opacity: 0;
78            -webkit-transform: translateY(-3000px);
79            transform: translateY(-3000px);
80        }
```

```
81      60%{
82          opacity: 1;
83          -webkit-transform: translateY(30px);
84          transform: translateY(30px);
85      }
86      75%{
87          -webkit-transform: translateY(-15px);
88          transform: translateY(-15px);
89      }
90      90%{
91          -webkit-transform: translateY(5px);
92          transform: translateY(5px);
93      }
94      100%{
95          opacity: 1;
96          -webkit-transform: none;
97          transform: none;
98      }
99 }
```

(3) 编写 cart.js 代码：

cart.js

```
1  window.onload=function(){
2      /*
3      * 1.显示弹出层
4      * 2.做动画
5      * 3.删除盒子需要做
6      * 4.点击取消按钮，关闭弹出层
7      * */
8      // 获取弹出层
9      var hmWin=document.querySelector('.hm_win');
10     // 获取框
11     var hmWinBox=hmWin.querySelector('.hm_win_box');
12     // 获取所有的删除按钮
13     var deleteList=document.querySelectorAll('.deleteBox');
14     // 记录当前点击的是按个按钮
15     var deleteBtn=null;
16     for(var i=0;i<deleteList.length ; i++){
17         deleteList[i].onclick=function(){
18             //1.显示弹出层
19             hmWin.style.display="block";
20             //2.做动画
21             hmWinBox.classList.add('bounceInDown');
22             // 删除盒子需要做
23             console.log(this);
24             deleteBtn=this;
25             var up=deleteBtn.querySelector('.up');
```

```
26            console.log(up);
27            // 加过渡
28            up.style.webkitTransition = "all 1s";
29            up.style.transition="all 1s";
30            // 定义旋转原点
31            up.style.webkitTransformOrigin = "0 5px";
32            up.style.transformOrigin="0 5px";
33            // 加改变
34            up.style.webkitTransform="rotate(-30deg) translateY(2px)";
35            up.style.transform="rotate(-30deg) translateY(2px)";
36        }
37    }
38    //4.点击取消按钮，关闭弹出层
39    hmWinBox.querySelector('.cancel').onclick=function(){
40        hmWin.style.display = "none";
41        hmWinBox.classList.remove('bounceInDown');
42        // 当前点击过
43        if(deleteBtn){
44            var up=deleteBtn.querySelector('.up');
45            up.style.webkitTransform="none";
46            up.style.transform="none";
47        }
48    }
49 };
```

5.5 Zepto.js

Zepto.js 是一个轻量级的针对现代高级浏览器的 JavaScript 库，非常适合用于移动端站点的开发。

5.5.1 Zepto 模块

Zepto.js 可以分为很多模块，各自封装了相应的方法，表 5-1 列举了 Zepto.js 的模块及模块说明。

表 5-1　Zepto 模块说明

模　块	默　认	说　　明
zepto	✓	核心模块；包含 Zepto 的核心方法
event	✓	事件模块；通过 on()& off() 处理事件
ajax	✓	无刷新异步模块；XMLHttpRequest 和 JSONP 实用功能
form	✓	表单模块；序列化 & 提交 Web 表单
ie	✓	增加支持桌面的 Internet Explorer 10+ 和 Windows Phone 8
detect		提供 $.os 和 $.browser 消息
fx		The animate() 方法

模　块	默　认	说　明
fx_methods		以动画形式的 show()、hide()、toggle() 和 fade*() 方法
assets		实验性支持从 DOM 中移除 image 元素后清理 iOS 的内存
data		一个全面的 data() 方法，能够在内存中存储任意对象
deferred		提供 $.Deferredpromises API. 依赖 callbacks 模块
callbacks		为 deferred 模块提供 $.Callbacks
selector		实验性的支持 jQuery CSS 表达式 实用功能，比如 $('div:first') 和 el.is(':visible')
touch		在触摸设备上触发 tap– 和 swipe– 相关事件。这适用于所有的 touch(iOS, Android) 和 pointer 事件 (Windows Phone)
gesture		在触摸设备上触发 pinch 手势事件
stack		提供 andSelf& end() 链式调用方法
ios3		增加 String.prototype.trim 和 Array.prototype.reduce 方法（如果它们不存在），以兼容 iOS 3.x

5.5.2　Zepto 的使用

下面用 Zepto.js 来实现商城首页的 JavaScript 效果。将 index.html 页面粘贴出一份命名为 index_zepto.html。在 \<body> 标签下删除原引入的 JavaScript 文件，替换为以下代码：

index_zepto.html

```
1    <!-- 引用核心文件 -->
2    <script src="js/zepto/zepto.min.js"></script>
3    <!-- 引用扩展性选择器 -->
4    <script src="js/zepto/selector.js"></script>
5    <!-- 引用动画模块 -->
6    <script src="js/zepto/fx.js"></script>
7    <!-- 引用移动 touch-->
8    <script src="js/zepto/touch.js"></script>
9    <script>
10       $(function(){
11           //banner
12           var $banner=$('.hm_banner');
13           var width=$banner.width();
14           // 图片盒子
15           var imageBox=$banner.find('ul:eq(0)');
16           // 点盒子
17           var pointBox=$banner.find('ul:eq(1)')
18           // 所有的点
19           var points=pointBox.find('li');
20           var animateFuc=function(){
     imageBox.animate({'transform':'translateX('+(-index*width)+'px)'
     },200,'ease',function(){
21               if(index>=9){
22                   index=1;
23                   // 瞬间定位
24   imageBox.css({'transform':'translateX('+(-index*width)+'px)'});
```

```
25              }else if(index <= 0){
26                  index = 8;
27 imageBox.css({'transform':'translateX('+(-index*width)+'px)'});
28              }
29              // 点盒子 对应
30              points.removeClass('now').eq(index-1).addClass
                    ('now');
31          });
32      };
33      var index=1;
34      var timer=setInterval(function(){
35          index++;
36          // 做动画
37          animateFuc();
38      },5000);
39      imageBox.on('swipeLeft',function(){
40          index ++;
41          animateFuc();
42      });
43      imageBox.on('swipeRight',function(){
44          index --;
45          animateFuc();
46      });
47
48      });
49 </script>
```

小结

本项目的练习重点：

本项目主要练习的知识点有视口、移动端常用布局、移动端事件等。着重练习读者的项目综合编码能力。

本项目的练习方法：

建议读者在编码时，按照顺序分模块完成，最后参考完整代码将各模块进行整合。

在学习本章内容时，建议读者先熟悉知识点内容，读者可以尝试完善和细化本项目中的代码。

本项目的注意事项：

本项目的每个任务模块代码都可独立运行，与其他模块耦合性低，如果在整合时遇到问题，可以检查每个独立模块的代码是否是正确的，然后对错误进行针对性修改。

■ 【思考题】

1. 简述商城首页中商品模块的开发顺序与思路。
2. 请列举 Zepto.js 的默认模块。

第 6 章

跨平台移动 Web 技术

在 Web 开发中，一切技术实现都是围绕用户体验来展开的，如果网站在不同的设备上可以有相似的用户体验，作为用户，一定会增强对此产品的好感度。那么实现相似的用户体验是否就要针对不同设备分别开发一套产品？跨平台移动 Web 技术会给我们想要的答案。本章将针对跨平台 Web 技术：响应式 Web 设计、媒体查询、栅格系统、弹性盒模型进行详细讲解。

【学习导航】

学习目标	(1) 了解什么是响应式 Web 设计 (2) 掌握 CSS3 媒体查询的使用 (3) 熟悉什么是栅格系统 (4) 掌握弹性盒布局
学习方式	以理论讲解、代码演示和案例效果展示为主
重点知识	(1) CSS3 媒体查询的使用 (2) 弹性盒布局
关键词	响应式、媒体查询、栅格系统、弹性盒

6.1 响应式 Web 设计

随着移动产品的日益丰富，出现了各种屏幕尺寸的手机、Pad 等移动设备。如果针对每一种尺寸的设备都独立开发一个网站，成本会非常高，这时，响应式 Web 设计应运而生。值得一提的是，响应式 Web 设计不仅可以适用于各种移动设备，还适用于 PC 端。

6.1.1 响应式 Web 设计简介

响应式 Web 设计（Responsive Web Design）是由 Ethan Marcotte 在 2010 年提出的，其目标是要让设计的网站能够响应用户的行为，根据不同终端设备自动调整尺寸。

从设计理念看，响应式 Web 设计是一种针对任意设备都可以对网页内容进行完美布局的显示方式，与原始设计方式相比有两点突破：

1. 一套设计，多处使用

如果要找一个成本、设计、性能的平衡点，响应式设计是最好的选择。响应式 Web 设计可以做到一套设计，响应多种屏幕。

2. 移动优先

之前的网站开发大多数是先开发 PC 端，再根据 PC 端的网页及功能设计开发移动端。然而，随着互联网行业的发展，使用移动端上网的用户群早已经赶超 PC 端。由于移动端设备的屏幕小，计算资源低，如果先开发移动端，可以迫使开发人员在屏幕更小、计算资源更低的设备中设计产品功能。这样做，一是可以使产品的功能更加核心和简洁，二是有助于设计出性能更高的程序。

从用户体验方面来看，通常网站会在移动浏览器上缩放，这样虽然可以完整地呈现给人们想要浏览的内容，但鉴于移动设备屏幕大小的限制，过多的内容会使页面看起来杂乱不堪，用户也很难找到自己关注的内容。而响应式 Web 设计并不是将整个网页缩放给用户，而是经过精心筛选，有选择性地显示页面的内容。

例如一个天气预报界面，在 PC 端大屏幕的页面效果如图 6-1 所示。

在图 6-1 中，该界面内容分三栏横向排列显示，如果在移动端的小屏幕上，按比例缩小，网页上的文字会看不清，使用响应式 Web 开发可以让该界面呈现纵向排列方式，如图 6-2 所示。

图 6-1　PC 端大屏幕效果

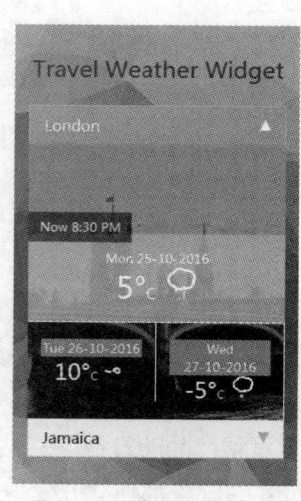

图 6-2　移动端页面效果

6.1.2　响应式 Web 设计相关技术

响应式 Web 设计是和 HTML5+CSS3 互相配合与支持的，实现响应式设计包括以下技术点：

（1）HTML5+CSS3 的基本网页设计。

（2）视口：提供可以配置视口的属性。

（3）CSS3 媒体查询（Media Queries）：识别媒体类型、特征（屏幕宽度、像素比等）。

（4）流式布局（Fluid Layout）：可以根据浏览器的宽度和屏幕的大小自动调整效果。

（5）流式图片（Fluid Images）：随流式布局进行相应缩放，可以理解为图片的流式布局。

（6）响应式栅格系统（Responsesive Fluid Grid）：依赖于媒体查询，根据不同的屏幕大小调整布局。

（7）弹性盒布局：CSS3 的弹性盒布局，一个可以让人们告别浮动，完美地实现垂直居中的新特性。

（8）弹性图片：指的是不给图片设置固定尺寸，而是通过设置 img {max-width:100%;}，让图片大小自动适应屏幕大小。

实现响应式 Web 设计，可以说就是根据显示屏幕大小的变化控制页面的文档流。

6.2　媒体查询

在 CSS3 规范中，媒体查询可以根据视口宽度、设备方向等差异来改变页面的显示方式。

媒体查询由媒体类型和条件表达式组成，示例代码如下：

```
@media screen and (max-width: 960px){
    // 样式设置
}
```

上述代码中，@media screen 表示媒体类型为 screen，max-width: 960px 表示屏幕宽度小于或等于 960px 时的样式。在实际开发中，通常会将媒体类型省略，示例代码如下：

```
@media (max-width: 960px){
    // 样式设置
}
```

下面通过一个案例演示一下媒体查询的具体用法，如 demo6-1.html 所示。

demo6-1.html

```
1  <!DOCTYPE html>
2  <html lang="en">
3  <head>
4      <meta charset="UTF-8">
5      <meta name="viewport" content="user-scalable=no,
              width=device-width,initial-scale=1.0, maximum-scale=1.0">
6      <title>媒体查询</title>
7      <style type="text/css">
8          body {
9              background-color: red;
10             }
11         @media (min-width: 320px){
12             body {
13                 background-color: blue;
14                 }
15         }
16         @media (min-width: 414px){
17             body {
18                 background-color: yellow;
19                 }
20         }
21         @media (min-width: 768px){
22             body {
23                 background-color: grey;
24                 }
25         }
26         @media (min-width: 960px){
27             body {
28                 background-color: pink;
29                 }
30         }
31     </style>
32 </head>
33 <body>
34 </body>
35 </html>
```

上述代码中，设置了当屏幕大于或等于 320px 时，body 的背景色为 blue；当屏幕大于或等于 414px 时，body 的背景色为 yellow；当屏幕大于或等于 768px 时，body 的背景色为 grey；当屏幕大于或等于 960px 时，body 的背景色为 pink。需要注意的是，由于 CSS 代码的执行顺序是从上到下依次执行，所以当使用 min—width 来区分屏幕时，要按从小屏到大屏的编写顺序；当使用 max—width 来区分屏幕时，要按从大屏到小屏的编写顺序。

用浏览器打开 demo6—1.html，页面效果如图 6—3~ 图 6—6 所示。

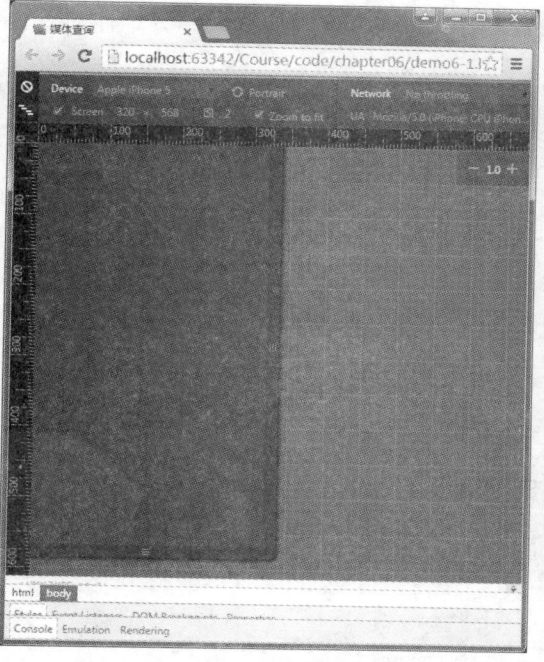

图 6-3　iPhone 5 页面

图 6-4　iPhone 6 Plus 页面

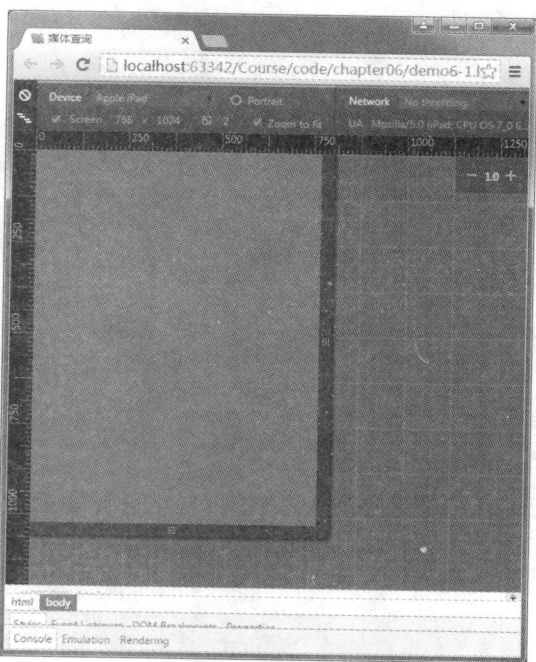

图 6-5　iPad 页面

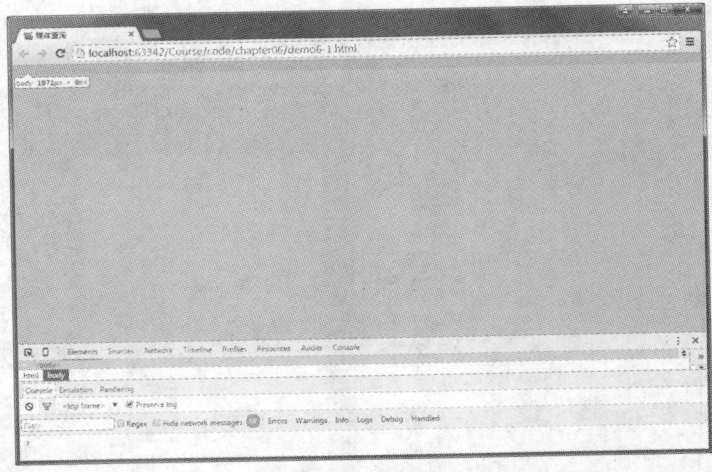

图 6-6　PC 页面

6.3 栅格系统

栅格系统最早应用于印刷媒体上，如图 6-7 所示。后来被应用于网页布局中。在网页制作中，栅格系统（又称网格系统）就是用固定的格子进行网页布局，是一种清晰、工整的设计风格。随着响应式设计的流行，栅格系统开始被赋予了新的意义，即一种响应式设计的实现方式，如图 6-8 所示。

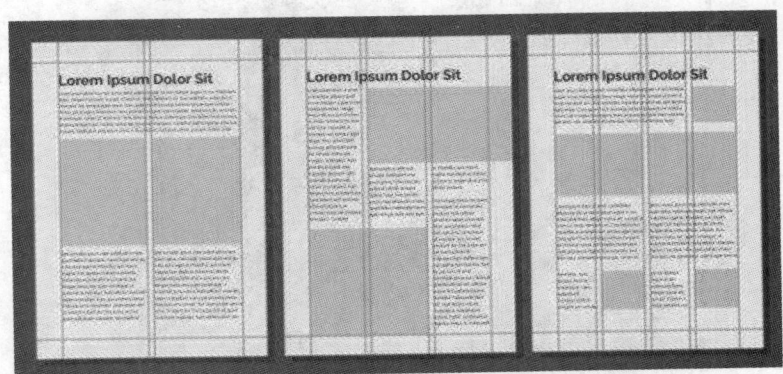

图 6-7　印刷媒体的栅格系统

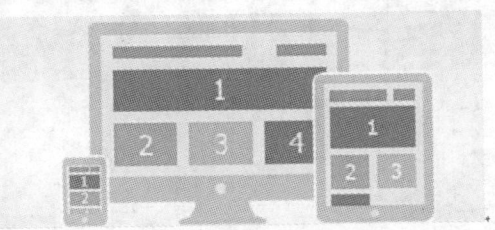

图 6-8　响应式栅格系统

从图 6-8 中可以看出，使用响应式栅格系统进行页面布局时，可以让一个网页在不同大小的屏幕上，呈现出不同的结构。例如，在小屏幕设备上，有某些模块将按照不同的方式排列或者被隐藏。

下面通过一个案例来演示栅格系统在响应式 Web 设计中的应用，如 demo6-2.html 所示。

demo6-2.html

```
1  <!DOCTYPE html>
2  <html lang="en">
3  <head>
4      <meta charset="UTF-8">
5      <meta name="viewport" content="user-scalable=no,
                width=device-width,initial-scale=1.0, maximum-scale=1.0">
6      <title> 栅格系统布局 </title>
7  </head>
8  <style type="text/css">
9      .row{
10         width: 100%;
11     }
12     // 伪元素 :after 的一个很重要的用法——清除浮动
13     .row :after{
14         clear: left;/* 清除左浮动 */
15         content: '';
16         display: table;// 该元素会作为块级表格来显示 (类似 <table>)
17     }
18     /*CSS3 新增 [attribute^=value] 选择器，用于匹配属性值以指定值开头的每
           个元素 */
19     [class^="col"]{
20         float: left;
21         background-color: #e0e0e0;
22     }
23     .col1{
24         width: 25%;
25     }
26     .col2{
27         width: 50%;
28     }
29     @media (max-width: 768px) {
30         .row{
31             width: 100%;
32         }
33         [class^="col"]{
34             float: none;
35             width:100%;
36         }
37     }
38 </style>
39 <body>
40 <div class="row">
41     <header> 页头 </header>
42 </div>
43 <div class="row">
```

```
44     <nav class="col1">导航</nav>
45     <div class="col2">主要内容</div>
46     <aside class="col1">侧边栏</aside>
47 </div>
48 <div class="row">
49     <footer>页尾</footer>
50 </div>
51 </body>
52 </html>
```

在上述代码中，分别定义了页头、导航、主要内容、侧边栏和页尾，其中页头和页尾无论在什么设备的浏览器中都要分别显示在网页的最上方和最下方，而中间的导航、主要内容和侧边栏要根据浏览器窗口的大小进行排列，浏览器窗口大于 768px 时，3 个模块成横向排列，小于或等于 768px 时成纵向排列。

用浏览器打开 demo6-2.html，页面效果如图 6-9 所示。

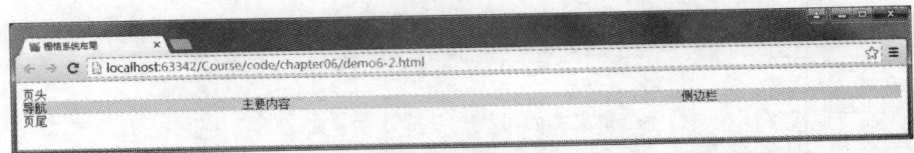

图 6-9　栅格系统布局 PC 端页面效果

使用 Chrome 的开发者工具，模拟在 iPhone 6 上测试该页面，由于 iPhone 6 浏览器窗口宽度为 375px，页面效果如图 6-10 所示。

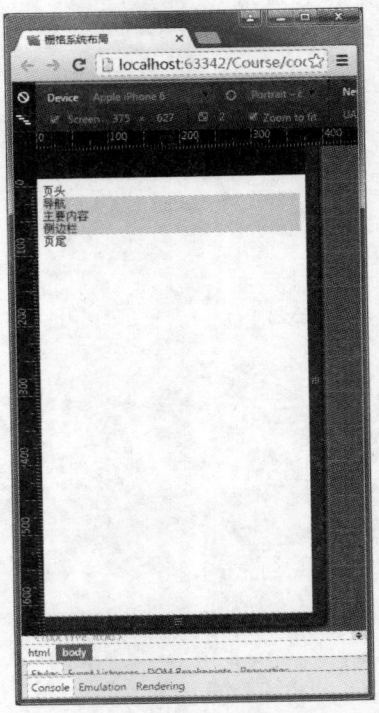

图 6-10　栅格系统布局移动端页面效果

栅格系统作为一种设计理念，在第 7 章将要介绍的 Bootstrap 中得到了很好的应用，这里读者只要了解栅格系统的布局概念即可。

6.4 弹性盒布局

弹性盒布局（Flexible Box）可以轻松地创建响应式网页布局，为盒状（块）模型增加灵活性。弹性盒改进了块模型，既不使用浮动，也不会在弹性盒容器与其内容之间合并外边距，是一种非常灵活的布局方法，就像在一个大盒子里摆放的几个小盒子，相对独立，容易设置。首先，看一下弹性盒的结构，如图 6-11 所示。

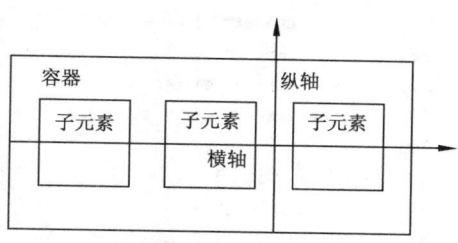

图 6-11　弹性盒结构

从图 6-11 可以看出，弹性盒由容器、子元素和轴构成，并且默认情况下，子元素的排布方向与横轴的方向是一致的。弹性盒模型可以用简单的方式满足很多常见的复杂的布局需求。它的优势在于开发人员只是声明布局应该具有的行为，而不需要给出具体的实现方式。浏览器会负责完成实际的布局。该布局模型几乎在主流浏览器中都得到了支持，如表 6-1 所示。

表 6-1　浏览器支持情况

iOS Safari	Android Browser	IE	Opera	Chrome	Firefox
7.0+	4.4+	11+	12.1+	21+	22+

下面通过一个案例来演示弹性盒控制布局的各个属性的应用，如 demo6-3.html 所示。

demo6-3.html

```
1  <!DOCTYPE html>
2  <html lang="en">
3  <head>
4      <meta charset="UTF-8">
5      <title>弹性盒属性</title>
6  </head>
7  <style type="text/css">
8      .box {
9          min-height: 160px;
10         display: flex;                              // 指定弹性盒的容器
11         /*
12         flex-direction: row|row-reverse|column|column-reverse;
13         flex-wrap: nowrap|wrap|wrap-reverse;
14         */
15         flex-flow: row;                             // 弹性盒子元素按横轴方向顺序排列
16         justify-content: center;                    // 设置弹性盒子元素向行中间位置对齐
```

```
17        align-items: center;        // 弹性盒子元素向垂直于轴的方向上的中间位置对齐
18        background-color: gray;
19    }
20    .A,.B,.C {
21        background-color: white;
22        border:1px solid gray;
23    }
24    .box div.A {
25        order: 1;                    //order设置该子元素出现的顺序
26        flex-grow: 0;                // 扩展比率
27        flex-shrink: 1;              // 收缩比率
28        flex-basis: auto;            // 宽度，像素值
29    }
30    .box div.B {
31        order: 2;
32        flex: 0 1 auto;              // 扩展比率0、收缩比率1和宽度居中的缩写形式
33    }
34    .box div.C {
35        order: 3;
36        flex: 0 1 auto;
37    }
38 </style>
39 <body>
40 <div class="box">
41    <div class="A">A</div>
42    <div class="B">B</div>
43    <div class="C">C</div>
44 </div>
45 </body>
46 </html>
```

用浏览器打开 demo6-3.html，页面效果如图 6-12 所示。

从 demo6-3.html 中可以看出，弹性盒提供了很多属性来设置子元素显示的方向、顺序，宽高比例等。下面就针对例中的属性进行详细讲解。首先声明，下面的讲解中会改变属性的取值来直观地演示属性的特性，在每一次改变后都会恢复为 demo6-3.html 原来默认的值，以便于显示下次的演示效果。

图 6-12　弹性盒属性

1. display

display 用于指定弹性盒的容器，其值可以为 flex；如果为行内元素，值为 inline-flex。

2. flex-flow

flex-flow 是属性 flex-direction 和 flex-wrap 的简写，用于排列弹性子元素。其取值分别如表 6-2 和表 6-3 所示。

表 6-2 flex-direction 取值

取　　值	描　　述
row	弹性盒子元素按轴方向顺序排列，默认值
row-reverse	弹性盒子元素按轴方向逆序排列
column	弹性盒子元素按纵轴方向顺序排列
column-reverse	弹性盒子元素按纵轴方向逆序排列

表 6-3 flex-wrap 取值

取　　值	描　　述
nowrap	flex 容器为单行，该情况下 flex 子项可能会溢出容器
wrap	flex 容器为多行，flex 子项溢出的部分会被放置到新行
wrap-reverse	反转 wrap 排列

例如，将 flex-flow 的值改为 column-reverse，刷新浏览器后效果如图 6-13 所示。

3. justify-content

justify-content 属性能够设置子元素如何在当前轴方向的排列，其取值如表 6-4 所示。

图 6-13　flex-flow 取值 column-reverse

表 6-4 justify-content 取值

取　　值	描　　述
flex-start	弹性盒子元素将向行起始位置对齐
flex-end	弹性盒子元素将向行结束位置对齐
center	弹性盒子元素将向行中间位置对齐
space-between	弹性盒子元素会平均分布在行里，第一个元素的边界与行的起始位置边界对齐，最后一个元素的边界与行结束位置的边距对齐
space-around	弹性盒子元素会平均地分布在行里，两端保留子元素与子元素之间间距大小的一半

例如，将 justify-content 的值改为 flex-start，刷新浏览器后效果如图 6-14 所示。

如果将 justify-content 的值改为 space-between，刷新浏览器后效果如图 6-15 所示。

图 6-14　justify-content 取值 flex-start　　图 6-15　justify-content 取值 space-between

其他的值读者可以依次试验，这里不再赘述。

4. align-items

align-items 属性用于设置子元素在垂直于轴的方向上的排列，其取值如表 6-5 所示。

表 6-5　align-items 取值

取　值	描　　述
flex-start	弹性盒子元素向垂直于轴的方向上的起始位置对齐
flex-end	弹性盒子元素向垂直于轴的方向上的结束位置对齐
center	弹性盒子元素向垂直于轴的方向上的中间位置对齐
baseline	如果弹性盒子元素的行内轴与侧轴为同一条，则该值与 flex-start 等效。其他情况下，该值将参与基线对齐
stretch	如果指定侧轴大小的属性值为 auto，则其值会使项目的边距盒的尺寸尽可能接近所在行的尺寸，但同时会遵照 min/max-width/height 属性的限制

例如，将 align-items 的值设置为 flex-end，效果如图 6-16 所示。

5. order

order 属性用于设置子元素出现的顺序，例如将 ABC 的 order 值分别改为 2、3、1，效果如图 6-17 所示。

图 6-16　align-items 取值 flex-end　　图 6-17　将 ABC 的 order 值分别改为 2、3、1

6. flex

flex 属性是 flex-grow（扩展比率）、flex-shrink（收缩比率）和 flex-basis（宽度，像素值）的缩写，能够设置子元素的伸缩性。例如，将 A 的 flex-grow 改为 2，效果如图 6-18 所示。

将 A 的 flex-grow 值还原，将 A 的 flex-basis 改为 30px，如图 6-19 所示。

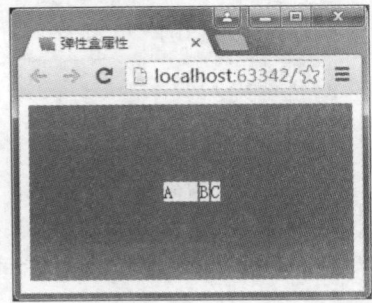 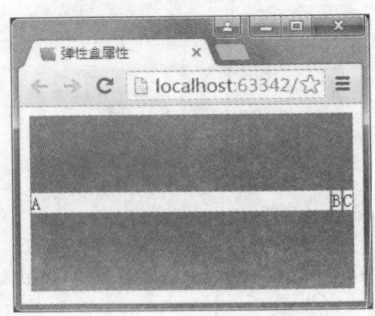

图 6-18　将 A 的 flex-grow 改为 2　　图 6-19　将 flex-basis 改为 30px

7. align-self

align-self 属性能够覆盖容器中的 align-items 属性，用于设置单独的子元素如何沿着纵轴排列。其取值有 auto|flex-start|flex-end|center|baseline|stretch，每个值的意义与 align-items 属性的取值类似。例如，将 A 和 C 的 align-self 设置为 center，B 的 align-self 设置为 stretch，效果如图 6-20 所示。

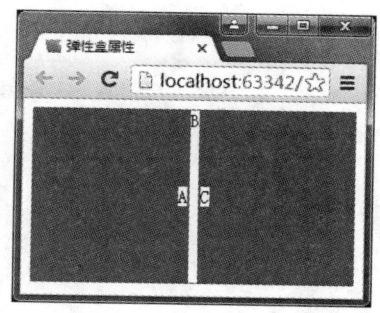

图 6-20   align-self 属性效果演示

需要注意的是，在使用弹性盒布局时，以下属性不起作用。

（1）弹性容器的每一个子元素变为一个弹性子元素，弹性容器直接包含的文本变为匿名的弹性子元素。

（2）多列布局中的 column-* 属性对弹性子元素无效。

（3）float 和 clear 对弹性子元素无效。使用 float 会导致 display 属性计算为 block。

（4）vertical-align 属性对弹性子元素的对齐无效。

学习了弹性盒各属性的用法后，通过案例演示如何使用弹性盒做一个非常常见且实用的响应式布局，如 demo6-4.html 所示。

demo6-4.html

```
1  <!DOCTYPE html>
2  <html lang="en">
3  <head>
4      <meta charset="UTF-8">
5      <meta name="viewport" content="user-scalable=no, width=device-width,
            initial-scale=1.0, maximum-scale=1.0">
6      <title> 弹性盒布局 </title>
7      <style>
8          body {
9              font: 24px Helvetica;
10             background: #fff;
11         }
12         .main {
13             min-height: 500px;
14             margin: 0px;
15             padding: 0px;
16             display: flex;          // 设置该 div 为一个弹性盒容器
17             flex-flow: row;         // 子元素按横轴方向顺序排列
18         }
19         .main>article {
20             margin: 4px;
21             padding: 5px;
22             background: grey;
23             flex: 3;    // 用数字也可以达到分配宽度的效果，将容器分为 5 份，占 3 份
24             order: 2;            // 排序为第 2 个子元素
```

```
25              }
26          .main > nav {
27              margin: 4px;
28              padding: 5px;
29              background: grey;
30              flex: 1;                // 将容器分为 5 份, 占 1 份
31              order: 1;               // 排序为第 1 个子元素
32          }
33          .main > aside {
34              margin: 4px;
35              padding: 5px;
36              background: grey;
37              flex: 1 ;               // 将容器分为 5 份, 占 1 份
38              order:3;                // 排序为第 3 个子元素
39          }
40      header, footer {
41              display: block;
42              margin: 4px;
43              padding: 5px;
44              min-height: 100px;
45              border: 2px solid grey;
46              background: #FFF;
47          }
48      @media all and (max-width: 640px) {// 当屏幕宽度小于 640px 时
49          .main {
50              flex-flow: column;      // 弹性盒中的子元素按纵轴方向排列
51          }
52          .main>article, .main > nav, .main > aside {
53              order: 0;   // 将子元素都设置成同一个值, 指按自然顺序排列
54          }
55          .main>nav, .main>aside, header, footer {
56              min-height: 50px;
57              max-height: 50px;
58          }
59      }
60  </style>
61  </head>
62  <body>
63      <header>header</header>
64      <div class="main">
65          <article>article</article>
66          <nav>nav</nav>
67          <aside>aside</aside>
68      </div>
69      <footer>footer</footer>
70  </body>
71  </html>
```

用浏览器打开 demo6-4.html, 页面效果如图 6-21 所示。

在移动设备 iPhone 6 上的页面效果如图 6-22 所示。

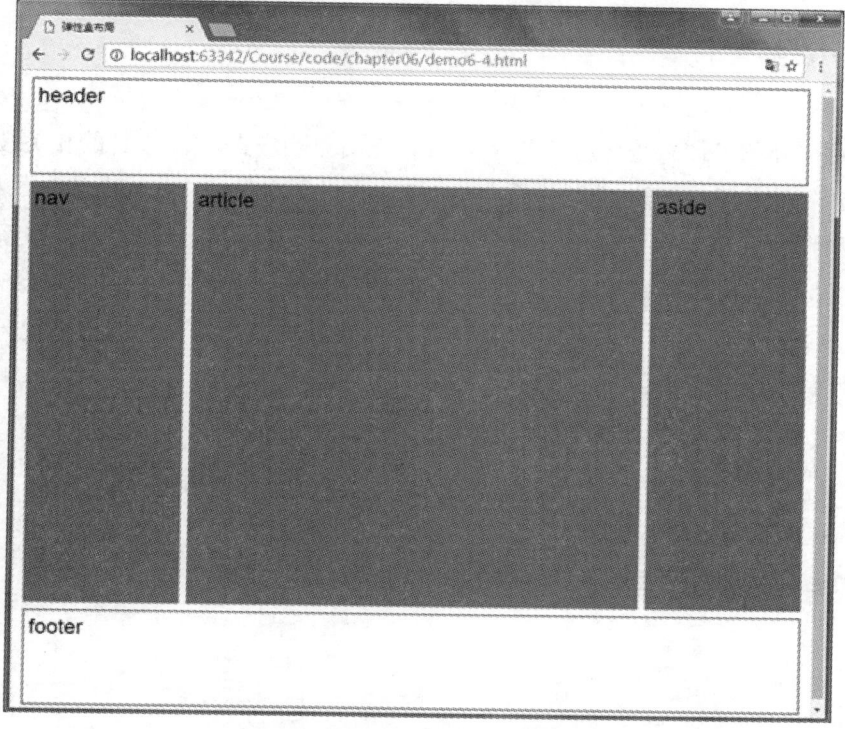

图 6-21　弹性盒布局 PC 端页面效果

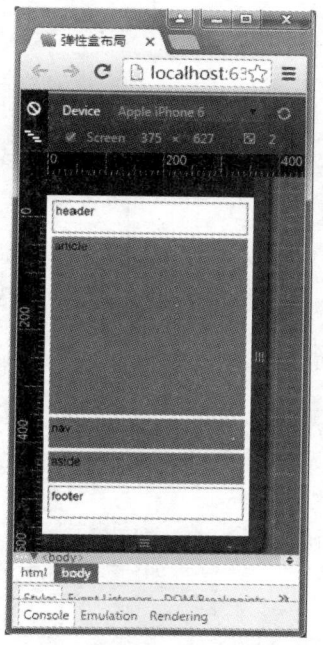

图 6-22　iPhone 6 设备页面效果

　　从图 6-22 可以看出，当页面的高度超过设备屏幕的高度时，页面的下半部分不会完全展示在移动设备上，这时，可以通过滑动屏幕的方式查看页面下半部分的内容。

小结

　　本章首先介绍了什么是响应式 Web 设计，然后对响应式 Web 设计的相关技术进行讲解，包括媒体查询、栅格系统、弹性盒布局等。媒体查询是实现响应式 Web 设计的核心技术，栅格系统和弹性盒布局主要应用于响应式页面的布局。在实际开发中，栅格系统的应用经常通过框架来实现，在第 7 章讲解 Bootstrap 时将会进行详细介绍。

　　学习本章内容后，要求读者了解响应式 Web 设计的概念，熟悉栅格系统，掌握媒体查询和弹性盒布局的应用。

【思考题】

1. 简述什么是栅格系统。
2. 简述什么是媒体查询及媒体查询在网页开发中的作用。

第7章

使用 Bootstrap 进行移动 Web 开发

Bootstrap 是前端开发中应用非常广泛的框架，可以满足响应式页面的开发需求，并且遵循移动优先的原则。它最早是国外某社交网站内部的一个工具，开源之后迅速得到了开发人员的认可。本章将针对 Bootstrap 在移动 Web 开发中的应用进行详细讲解。

【学习导航】

学习目标	(1) 掌握 Bootstrap 的安装和配置 (2) 掌握 Bootstrap 的布局工具 (3) 掌握 Bootstrap 的样式工具
学习方式	以理论讲解、实际网站演示为主
重点知识	(1) Bootstrap 的安装和配置 (2) Bootstrap 的使用
关键词	Bootstrap、container、navbar、Carousel

7.1 初识 Bootstrap

7.1.1 Bootstrap 简介

Bootstrap 是基于 HTML、CSS、JavaScript 等前端技术实现的，2011 年 8 月在 GitHub 上发布，一经推出颇受欢迎。在本书编写时 Bootstrap 的最新版本是 3.3.7。Bootstrap 之所以受到广大前端开发人员的欢迎，是因为使用 Bootstrap 可以构建出非常优雅的前端界面，而且占用资源非常小。另外，Bootstrap 还具有以下几个优势：

（1）移动设备优先：自 Bootstrap 3 起，移动设备优先的样式贯穿于整个库。

（2）浏览器支持：主流浏览器都支持 Bootstrap，包括 IE、Firefox、Chrome、Safari 等。

（3）学习成本低：要学习 Bootstrap，只需读者具备 HTML 和 CSS 的基础知识。

（4）响应式设计：Bootstrap 的响应式 CSS 能够自适应于台式机、平板计算机和手机的屏幕大小。

（5）良好的代码规范：为开发人员创建接口提供了一个简洁统一的解决方案，减少了测试的工作量。

（6）组件：Bootstrap 包含了功能强大的内置组件。

（7）定制：Bootstrap 还提供了基于 Web 的定制。

了解了 Bootstrap 的这么多优势，下面介绍一下 Bootstrap 包含的内容。

Bootstrap 包中提供的内容包括基本结构、CSS、布局组件、JavaScript 插件等，具体如下：

（1）基本结构：Bootstrap 提供了一个带有网格系统、链接样式、背景的基本结构。

（2）CSS：Bootstrap 自带全局的 CSS 设置、定义基本的 HTML 元素样式、可扩展的 class，以及一个先进的栅格系统。

（3）布局组件：Bootstrap 包含了十几个可重用的组件，用于创建图像、下拉菜单、导航、警告框、弹出框等。

（4）JavaScript 插件：Bootstrap 包含了十几个自定义的 jQuery 插件，可以直接包含所有的插件，也可以逐个包含这些插件。

（5）定制：开发人员可以定制 Bootstrap 的组件、LESS 变量和 jQuery 插件来得到一套自定义的版本。

由此可以看出，Bootstrap 中预定义了一套 CSS 样式和一套对应的 jQuery 代码，应用时只需提供固定的 HTML 结构，添加 Bootstrap 中提供的 class 名称，就可以完成指定效果的实现。

7.1.2 Bootstrap 下载

1. 下载

开始学习 Bootstrap 的使用之前，先要进行下载安装。首先打开浏览器，访问 Bootstrap 官方网站地址 http://getbootstrap.com 来下载 Bootstrap 的最新版本，如图 7-1 所示。由于国外网站访问速度慢，读者也可以直接使用本书的源代码中下载好的更加稳定的版本 bootstrap-3.3.7-dist.zip。

单击 Download Bootstrap 按钮，跳转至下载页面，将页面下拉会看到 3 个按钮，如图 7-2 所示。

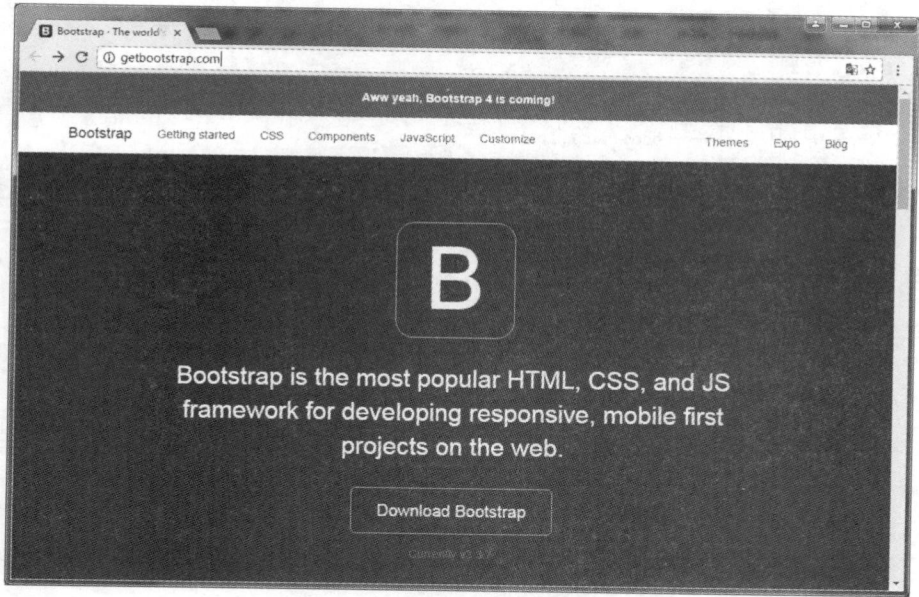

图 7-1　Bootstrap 官网首页

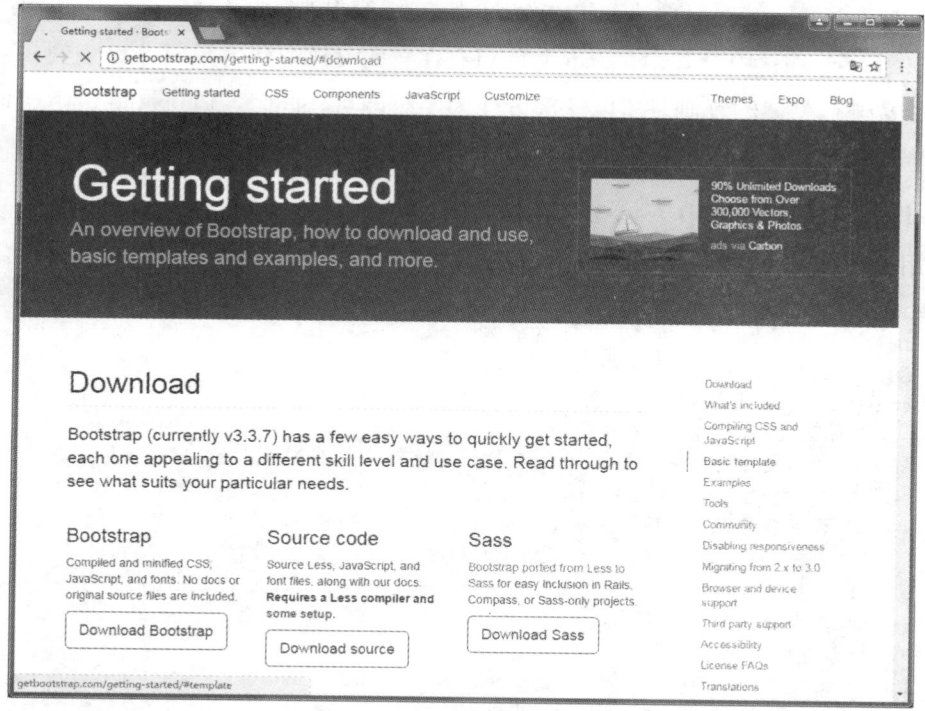

图 7-2　Bootstrap 下载页

　　其中，Download Bootstrap 按钮用于下载 Bootstrap。单击该按钮，可以下载 Bootstrap CSS、JavaScript 和字体的预编译的压缩版本，不包含文档和最初的源代码文件。下载成功后，解压 ZIP 文件，将看到下面的文件和目录结构，如图 7-3 所示。

```
bootstrap/
├── css/
│     └── bootstrap.css                              //预定义的css文件
│     └── bootstrap.css.map                          //css与less源码对应文件
│     └── bootstrap.min.css                          //压缩
│     └── bootstrap.min.css.map
│     └── bootstrap-theme.css
│     └── bootstrap-theme.css.map
│     └── bootstrap-theme.min.css
│     └── bootstrap-theme.min.css.map
├── js/
│     └── bootstrap.js                               //js
│     └── bootstrap.min.js
└── fonts/
      └── glyphicons-halflings-regular.eot           //字体
      └── glyphicons-halflings-regular.svg
      ├── glyphicons-halflings-regular.ttf
      ├── glyphicons-halflings-regular.woff
      └── glyphicons-halflings-regular.woff2
```

图 7-3　Bootstrap 目录结构

在图 7-3 中可以看出 bootstrap 目录的基本结构中，预编译的 bootstrap.* 文件、预编译的压缩版 bootstrap.min.* 文件，以及 CSS 源码映射表 bootstrap.*.map，这些文件可以直接应用到 Web 项目中。其中，map 文件只有在自定义的高级开发时才会用到，在实际开发中通常进行整体的复制，所以该部分作为了解即可。同时，Bootstrap 包中还包含了 Glyphicons 的字体文件，在附带的 Bootstrap 主题中使用了这些图标。

7.1.3　Bootstrap 基本模板

使用 Bootstrap 的基本 HTML 模板如下：

```html
<!DOCTYPE html>
<html>
<head>
<title>Bootstrap 模板</title>
<meta charset="UTF-8">
<!-- 此属性为文档兼容 (compatible) 模式声明，表示使用 IE 浏览器的最新渲染模式 -->
<meta http-equiv="x-ua-compatible" content="IE=edge">
<!-- 根据设置确定视口宽度，device-width 表示采用设备宽度，初始缩放 1.0，
     使用 user-scalable=no 可以禁用其缩放 (zooming) 功能 -->
<meta name="viewport" content="width=device-width, initial-scale=1.0">
<!-- 上述三个 meta 标签必须放在最前面，其他内容必须跟随其后 -->
<!-- 引入 Bootstrap -->
<link href="lib/bootstrap/css/bootstrap.min.css" rel="stylesheet">
<!-- HTML5 Shiv 和 Respond.js 用于让低于 IE9 版本的浏览器支持 HTML5 元素和媒体查询
     注意：如果通过 file:// 引入 Respond.js 文件，则该文件无法起效果 -->
<!--[if lt IE 9]>
<script src="lib/html5shiv/html5shiv.min.js"></script>
<script src="lib/respond/respond.min.js">
</script>
<![endif]-->
```

```
</head>
<body>
<!-- jQuery (Bootstrap 的 JavaScript 插件需要引入 jQuery) -->
<script src="lib/jquery/jquery-1.11.0.min.js"></script>
<!-- 包括所有已编译的插件 -->
<script src="lib/bootstrap/js/bootstrap.min.js"></script>
</body>
</html>
```

上述代码中，如果想在一个 HTML 文件中使用 Bootstrap，该文件必须引入包 jquery.js、bootstrap.min.js 和 bootstrap.min.css 文件，3 个 <meta> 标签分别用于设置字符集、文档兼容模式和视口，html5shiv.min.js 用于使低于 IE9 版本的浏览器支持 HTML5 元素，Respond.js 用于使 IE8 支持媒体查询。

7.2 Bootstrap 常用布局

7.2.1　布局容器

使用 Bootstrap 时需要为页面内容包裹一个 .container 容器。Bootstrap 包中为我们提供了两个容器类：.container 类和 .container−fluid 类。

（1）.container 类用于固定宽度并支持响应式布局的容器，示例代码如下：

```
<div class="container">
  ...
</div>
```

.container−fluid 类用于设置 100% 宽度，占据全部视口（viewport）的容器，示例代码如下：

```
<div class="container-fluid">
  ...
</div>
```

需要注意的是，由于 padding 等属性的原因，这两种容器类不能互相嵌套。两种容器在页面中使用的对比效果如 demo7−1.html 所示。

demo7−1.html

```
1  <!DOCTYPE html>
2  <html>
3  <head>
4      <title> 布局容器 </title>
5      <meta charset="UTF-8">
6      <meta http-equiv="x-ua-compatible" content="IE=edge">
7      <meta name="viewport" content="width=device-width, initial-
```

```
            scale=1.0">
8      <link href="lib/bootstrap/css/bootstrap.min.css" rel="stylesheet">
9  </head>
10 <br>
11 <!-- 居中显示，两边有留白 -->
12 <div class="container" style="border:1px solid #000000;
       height:100px;">.container</div>
13 <!-- 整个宽度 -->
14 <div class="container-fluid" style="border:1px solid #000000;
       height:100px;">.container-fluid</div>
15 <script src="lib/jquery/jquery-1.11.0.min.js"></script>
16 <script src="lib/bootstrap/js/bootstrap.min.js"></script>
17 </body>
18 </html>
```

用浏览器打开 demo7-1.html，页面效果如图 7-4 所示。

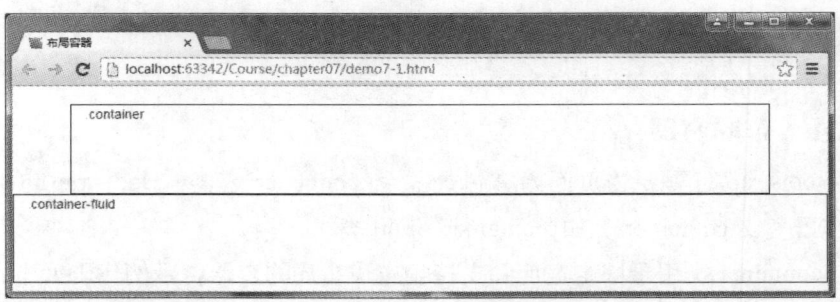

图 7-4　demo7-1.html 页面效果

从图 7-4 的页面效果可以看出，使用 .container 容器布局时页面两边有留白，而使用 .container-fluid 容器布局时会占用页面的整个宽度。

7.2.2　栅格系统

Bootstrap 提供了一套响应式、移动设备优先的流式栅格系统，随着屏幕或视口尺寸的增加，系统会自动分为 1~12 列。

栅格系统用于通过一系列的行（row）与列（column）的组合来创建页面布局，开发者可以将内容放入这些创建好的布局中。

Bootstrap 栅格系统的工作原理如下：

（1）行必须包含在布局容器 .container 类或 .container-fluid 类中，以便为其赋予合适的排列（aligment）和内补（padding）。

（2）通过行（row）在水平方向创建一组列（column），并且，只有列（column）可以作为行（row）的直接子元素。

（3）行使用样式".row"，列使用样式"col-*-*"，内容应当放置于列（column）内，列大于 12 时，将另起一行排列。

（4）Bootstrap 栅格系统为不同屏幕宽度定义了不同的类。

Bootstrap3 使用了 4 种栅格选项来形成栅格系统，这 4 种栅格选项的区别在于适合不同尺寸的屏幕设备，官网上的具体介绍如图 7—5 所示。

	超小屏幕 手机 (<768px)	小屏幕 平板 (≥768px)	中等屏幕 桌面显示器 (≥992px)	大屏幕 大桌面显示器 (≥1200px)
栅格系统行为	总是水平排列	开始是堆叠在一起的，当大于这些阈值时将变为水平排列C		
`.container` 最大宽度	None（自动）	750px	970px	1170px
类前缀	`.col-xs-`	`.col-sm-`	`.col-md-`	`.col-lg-`
列（column）数	12			
最大列（column）宽	自动	~62px	~81px	~97px
槽（gutter）宽	30px（每列左右均有 15px）			
可嵌套	是			
偏移（Offsets）	是			
列排序	是			

图 7—5　栅格参数

在图 7—5 中类前缀这一项的取值分别是 col—xs、col—sm、col—md、col—lg，其中，lg 是 large（大）的缩写，md 是 mid（中等）的缩写，sm 是 small（小）的缩写，xs 是 extrasmall（超小）的缩写。这样命名就体现了这几种 class 适应不同屏幕宽度，例如使用 .col—xs 适用于小于 768px 的超小屏幕。

栅格系统可以让用户在不同尺寸的设备上看见不同的布局效果，具体应用如 demo7—2 所示。

demo7—2.html

```
1  <!DOCTYPE html>
2  <html>
3  <head>
4      <title> 栅格系统 </title>
5      <meta charset="UTF-8">
6      <meta http-equiv="x-ua-compatible" content="IE=edge">
7      <meta name="viewport" content="width=device-width, initial-
            scale=1.0">
8      <link href="lib/bootstrap/css/bootstrap.min.css" rel=
            "stylesheet">
9  </head>
10 <style>
11     div{
12         border: 1.5px solid #000000;
13     }
14 </style>
15 <br>
16 <div class="container">
17     <div class="row">
18         <div class="col-md-3 col-xs-6">1</div>
```

```
19          <div class="col-md-3 col-xs-6">2</div>
20          <div class="col-md-3 col-xs-6">3</div>
21          <div class="col-md-3 col-xs-6">4</div>
22      </div>
23      <div class="row">
24          <div class="col-md-3 col-xs-6">5</div>
25          <div class="col-md-3 col-xs-6">6</div>
26          <div class="col-md-3 col-xs-6">7</div>
27          <div class="col-md-3 col-xs-6">8</div>
28      </div>
29 </div>
30 <script src="lib/jquery/jquery-1.11.0.min.js"></script>
31 <script src="lib/bootstrap/js/bootstrap.min.js"></script>
32 </body>
33 </html>
```

用浏览器打开 demo7-2.html，页面效果如图 7-6 所示。

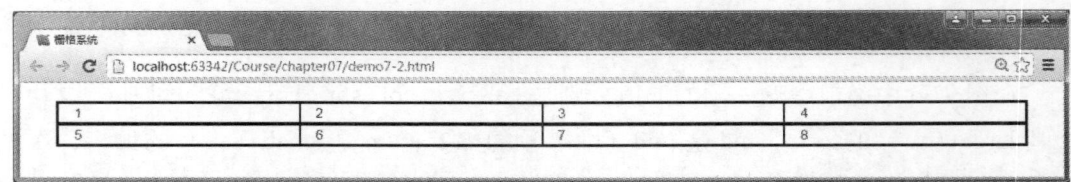

图 7-6   demo7-2 页面效果

使用鼠标拖动，缩小浏览器窗口至小屏幕，页面网格会变成两列，如图 7-7 所示。

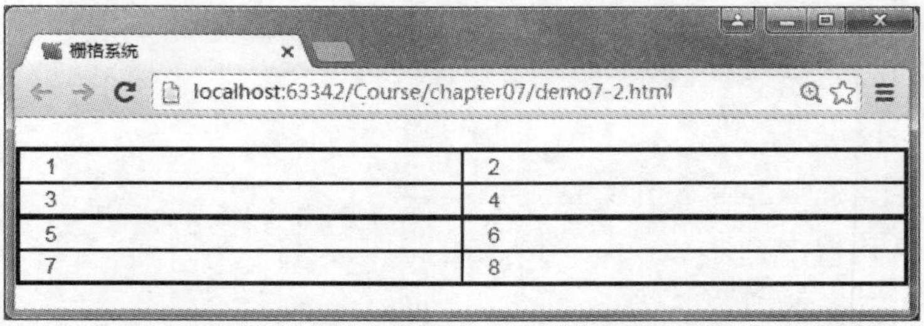

图 7-7   缩小浏览器的效果

图 7-7 所示的效果是由于浏览器窗口缩小至小于 768px，会被识别为手机设备大小，.col-xs-6 设置生效。这里所指的列是栅格系统的列数，不是网页上 div 的列数。每个 div 的列数为 6，两个 div 的列数就是 12，当一行的列数大于 12 时，后面的 div 会另起一行排列，所以每行显示两个 div，共 4 行。

7.2.3 响应式工具

为了更快地实现对移动设备的友好开发，Bootstrap 提供了一套辅助工具类，使用这些工具类可以通过媒体查询结合大型、小型和中型设备，实现内容在设备上的显示和隐藏。

目前可供使用的类如表 7-1 所示。

表 7-1　Bootstrap 响应式工具类

屏幕\n类	超小屏幕\n手机 (<768px)	小屏幕\n平板 (≥ 768px)	中等屏幕\n桌面 (≥ 992px)	大屏幕\n桌 (≥ 1 200px)
.visible-xs-*	可见	隐藏	隐藏	隐藏
.visible-sm-*	隐藏	可见	隐藏	隐藏
.visible-md-*	隐藏	隐藏	可见	隐藏
.visible-lg-*	隐藏	隐藏	隐藏	可见
.hidden-xs	隐藏	可见	可见	可见
.hidden-sm	可见	隐藏	可见	可见
.hidden-md	可见	可见	隐藏	可见
.hidden-lg	可见	可见	可见	隐藏

表 7-1 中的响应式实用工具目前只适用于块级元素和表格的切换，具体使用如 demo7-3.html 所示。

demo7-3 .html

```
1  <!DOCTYPE html>
2  <html>
3  <head>
4  <title> 响应式工具 </title>
5  <meta charset="UTF-8">
6  <meta http-equiv="x-ua-compatible" content="IE=edge">
7  <meta name="viewport" content="width=device-width, ini
        tial-scale=1.0">
8  <link href="lib/bootstrap/css/bootstrap.min.css" rel="stylesheet">
9  <style>
10         div{
11             border: 1px solid black;
12         }
13 </style>
14 </head>
15 <body>
16 <br>
17 <div class="container" style="padding: 40px;">
18 <div class="row visible-on">
19 <div class="col-xs-6 col-sm-3" >
20 <span class="hidden-xs"> 特别小型设备隐藏 </span>
21 <span class="visible-xs"> 在特别小型设备上可见 </span>
22 </div>
23 <div class="col-xs-6 col-sm-3" >
24 <span class="hidden-sm"> 小型设备隐藏 </span>
25 <span class="visible-sm"> 在小型设备上可见 </span>
26 </div>
27 <div class="clearfix visible-xs"></div>
28 <div class="col-xs-6 col-sm-3" >
29 <span class="hidden-md"> 中型设备隐藏 </span>
30 <span class="visible-md"> 在中型设备上可见 </span>
31 </div>
```

```
32 <div class="col-xs-6 col-sm-3" >
33 <span class="hidden-lg"> 大型设备隐藏 </span>
34 <span class="visible-lg"> 在大型设备上可见 </span>
35 </div>
36 </div>
37 </div>
38 </body>
39 </html>
```

用浏览器打开 demo7-3.html，页面效果如图 7-8 所示。

图 7-8　demo7-3.html 页面效果

浏览器窗口缩小至中型屏幕时，页面效果如图 7-9 所示。

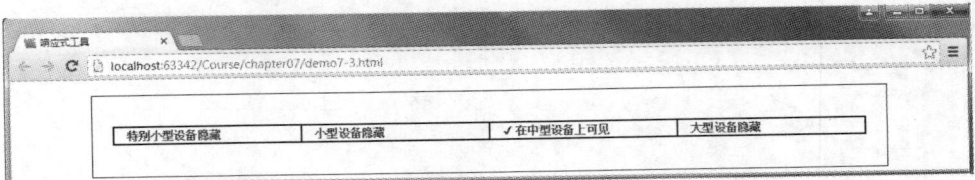

图 7-9　中型屏幕页面效果

浏览器窗口缩小至小型屏幕时，页面效果如图 7-10 所示。

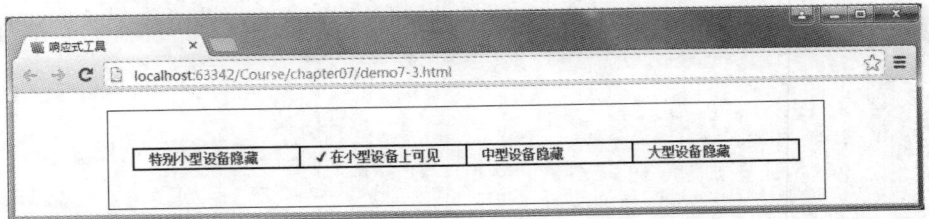

图 7-10　小型屏幕页面效果

浏览器窗口缩小至超小型屏幕时，页面效果如图 7-11 所示。

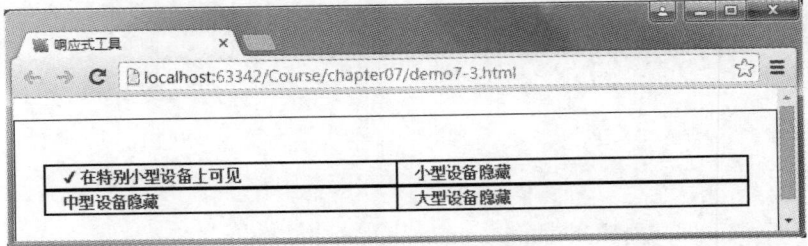

图 7-11　超小型屏幕页面效果

7.3　Bootstrap 常用样式

7.3.1　导航栏

Bootstrap 导航栏是在应用或网站中作为导航页头的响应式基础组件。Bootstrap 中为用户提供了默认样式的导航条，它在移动设备上可以折叠（并且可开可关），且在视口宽度增加时逐渐变为水平展开模式，如图 7-12 所示。

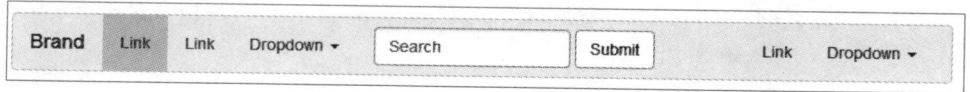

图 7-12　Bootstrap 提供的默认导航条

缩小浏览器窗口后，菜单均被隐藏，代替出现的是一个 "≡" 按钮，如图 7-13 所示。单击图 7-13 所示的 "≡" 按钮，显示被隐藏菜单的下拉列表，如图 7-14 所示。

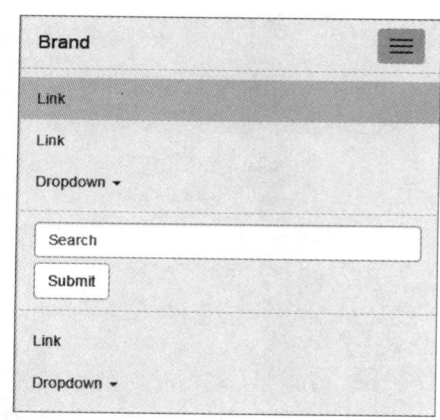

图 7-13　"≡" 按钮　　　　　　图 7-14　被隐藏的菜单列表

由于 Bootstrap 导航栏在实际应用中比较复杂，这里主要为读者介绍如何使用 Bootstrap 制作一个基础导航栏，以及如何修改默认导航栏的样式。

1. 基础导航栏

使用 Bootstrap 制作基础导航栏主要分为以下几步：

（1）添加一个容器 \<nav> 或 \<div> 标签，使用 .navbar 类和 .navbar-default 类，并且添加 role="navigation"，增加可访问性。

（2）向 \<div> 标签添加一个标题使用 .navbar-header 类，内部包含带有 .navbar-brand 类的 \<a> 标签，用于定义品牌图标，如果是文字视觉上会稍大些。

（3）为了向导航栏添加链接，只需要简单地添加带有 .nav 类、.navbar-nav 类的无序列表即可。

基础导航栏的具体实现代码如 demo7-4.html 所示。

demo7-4.html

```
1  <!DOCTYPE html>
2  <html>
3  <head>
4      <title>Bootstrap 基础导航栏</title>
5      <meta charset="UTF-8">
6      <meta http-equiv="x-ua-compatible" content="IE=edge">
7      <meta name="viewport" content="width=device-width, initial-scale=1.0">
8      <link href="lib/bootstrap/css/bootstrap.min.css" rel="stylesheet">
9  </head>
10 <body>
11 <nav class="navbar navbar-default" role="navigation">
12     <!-- 这里可以定义品牌图标 -->
13     <div class="navbar-header">
14         <a class="navbar-brand " id="nav-brand-itheima" href="#" >
15             网站首页
16         </a>
17     </div>
18     <ul class="nav navbar-nav">
19         <li class="active"><a href="##"> 系列教程 </a></li>
20         <li><a href="##"> 名师介绍 </a></li>
21         <li><a href="##"> 成功案例 </a></li>
22         <li><a href="##"> 关于我们 </a></li>
23     </ul>
24 </nav>
25 <script src="lib/jquery/jquery-1.11.0.min.js"></script>
26 <script src="lib/bootstrap/js/bootstrap.min.js"></script>
27 </body>
28 </html>
```

用浏览器打开 demo7-4.html，页面效果如图 7-15 所示。

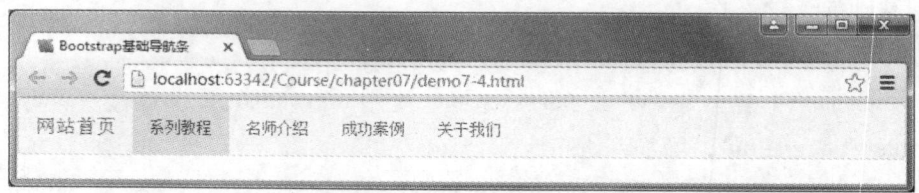

图 7-15　demo7-4.html 页面效果

2. 响应式导航栏

基础导航栏只能适应大屏幕的浏览器，当浏览器窗口缩小到一定程度时，菜单将被折叠，如图 7-16 所示。

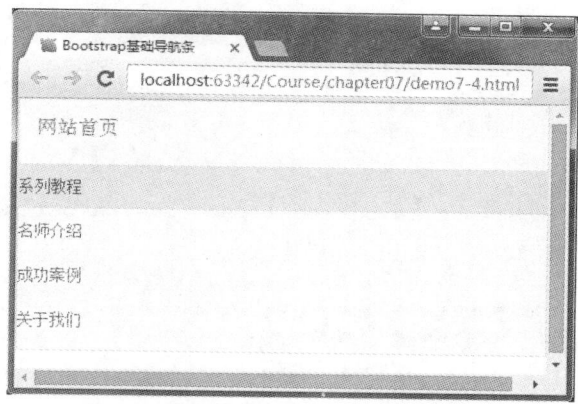

图 7-16　demo7-4 菜单折叠效果

想要实现菜单折叠的效果，需要进行以下操作：

（1）实现菜单的折叠和隐藏，把小屏幕时需要折叠的内容包裹在一个 <div> 标签内，并且为这个 <div> 标签使用 .collapse、.navbar-collapse 两个类，最后为这个 div 添加一个 id。

（2）添加在小屏幕时，要显示的 "☰" 按钮的固定写法：

```
<button class="navbar-toggle" type="button" data-toggle="collapse">
    <span class="sr-only">Toggle Navigation</span>
    <span class="icon-bar"></span>
    <span class="icon-bar"></span>
    <span class="icon-bar"></span>
</button>
```

完整的响应式基础导航栏实现代码如 demo7-5.html 所示。

demo7-5.html

```
1  <!DOCTYPE html>
2  <html>
3  <head>
4      <title>Bootstrap 响应式导航栏</title>
5      <meta charset="UTF-8">
6      <meta http-equiv="x-ua-compatible" content="IE=edge">
7      <meta name="viewport" content="width=device-width, initial-scale=1.0">
8      <link href="lib/bootstrap/css/bootstrap.min.css" rel="stylesheet">
9  </head>
10 <body>
11 <nav class="navbar navbar-default" role="navigation">
12      <button type="button" class="navbar-toggle collapsed"
              data-toggle="collapse" data-target="#navbar-collapse"
              aria-expanded="false">
13          <span class="sr-only">汉堡按钮</span>
14          <span class="icon-bar"></span>
15          <span class="icon-bar"></span>
16          <span class="icon-bar"></span>
17      </button>
```

```
18            <!-- 这里可以定义品牌图标 -->
19            <div class="navbar-header">
20                <a class="navbar-brand " id="nav-brand-itheima" href="#" >
21                    网站首页
22                </a>
23            </div>
24    <div class="collapse navbar-collapse" id="navbar-collapse">
25            <ul class="nav navbar-nav">
26                <li class="active"><a href="##">系列教程</a></li>
27                <li><a href="##">名师介绍</a></li>
28                <li><a href="##">成功案例</a></li>
29                <li><a href="##">关于我们</a></li>
30            </ul>
31    </div>
32    </nav>
33    <script src="lib/jquery/jquery-1.11.0.min.js"></script>
34    <script src="lib/bootstrap/js/bootstrap.min.js"></script>
35    </body>
36    </html>
```

用浏览器打开 demo7-5.html，浏览器窗口缩小的效果如图 7-17 所示。

在 demo7-5.html 中，为折叠菜单添加的 id 值为 navbar-collapse 。在 <button> 标签添加 data-target="#navbar-collapse"，代表这个按钮控制的是 id 值为 navbar-collapse 的容器。单击 " ≡ " 按钮，即可显示下拉菜单，如图 7-18 所示。

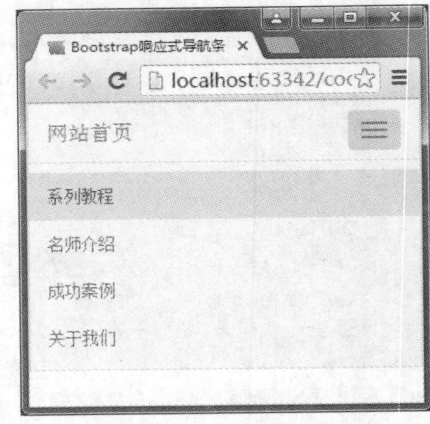

图 7-17　demo7-5 小屏幕页面效果　　　　图 7-18　显示下拉菜单

■ **多学一招：** 如何修改 Bootstrap 默认样式

Bootstrap 提供的是基础的 CSS 样式，如果想自定义样式，有两种方式：

（1）最直接的方式是查找 Bootstrap 源码样式，用 CSS 覆盖掉这些默认样式。具体可以通过查看针对 Bootstrap 中使用的案例使用哪些类名控制用户要修改的样式，然后使用该类名并且编写自己的样式来实现覆盖。

例如，修改导航条的默认背景色可以通过为 .navbar-default 类添加样式来实现，在 demo7-5.html 中添加如下代码：

```
<style>
    .navbar-default{
            background-color: pink;
        }
</style>
```

用浏览器打开 demo7-5.html，页面效果如图 7-19 所示。

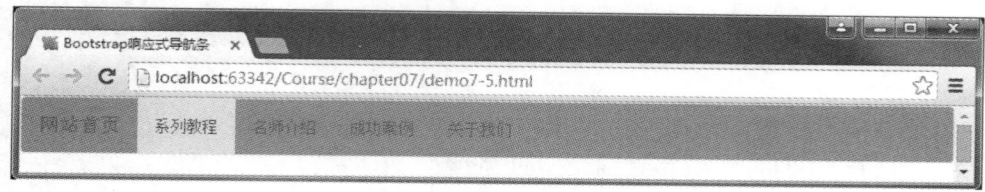

图 7-19　导航条背景色变化效果

（2）使用 !important 提高代码优先级，读者可自行尝试。

7.3.2　表单

几乎所有的网站中都涉及表单的应用，下面将介绍如何使用 Bootstrap 创建表单。

Bootstrap 通过一些简单的 HTML 标签和扩展的类即可创建出不同样式的表单，按照布局的不同，主要分为三类：垂直表单（默认）、内联表单和水平表单。

1. 垂直表单

垂直表单也称为基本表单，使用 Bootstrap 制作基本表单主要分为以下步骤：

（1）向父 <form> 标签添加 role="form"。

（2）把标签和控件放在一个类名为 form-group 的 <div> 中，获取最佳间距。

（3）向所有的文本标签 <input>、<textarea> 和 <select> 添加 .form-control 类。

垂直表单的具体实现如 demo7-6.html 所示。

demo7-6.html

```
1  <!DOCTYPE html>
2  <html>
3  <head>
4      <title>Bootstrap基本表单</title>
5      <meta charset="UTF-8">
6      <meta http-equiv="x-ua-compatible" content="IE=edge">
7      <meta name="viewport" content="width=device-width, initial-
               scale=1.0">
8      <link href="lib/bootstrap/css/bootstrap.min.css" rel="stylesheet">
9  </head>
10 <body>
11 <form role="form">
12     <div class="form-group">
13         <label for="name"> 名称 </label>
```

```
14          <input type="text" class="form-control" id="name"
15              placeholder="请输入名称">
16      </div>
17      <div class="form-group">
18          <label for="inputfile">文件输入</label>
19          <input type="file" id="inputfile">
20          <p class="help-block">这里是块级帮助文本的实例。</p>
21      </div>
22      <div class="checkbox">
23          <label>
24              <input type="checkbox">记住我
25          </label>
26      </div>
27      <button type="submit" class="btn btn-default">提交</button>
28 </form>
29 </body>
30 </html>
```

用浏览器打开 demo7-6.html，页面效果如图 7-20 所示。

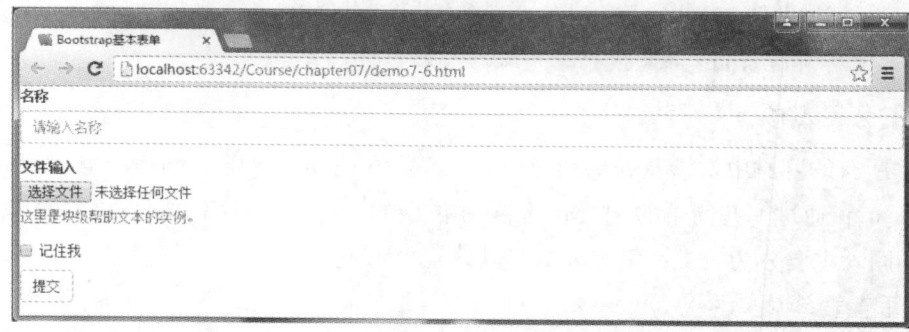

图 7-20   demo7-6.html 页面效果

2.　内联表单

Bootstrap 创建内联表单，只需要在垂直表单的基础上，为 <form> 标签添加类 .form-inline，具体代码如 demo7-7.html 所示。

demo7-7.html

```
1 <!DOCTYPE html>
2 <html>
3 <head>
4     <title>Bootstrap 内联表单</title>
5     <meta charset="UTF-8">
6     <meta http-equiv="x-ua-compatible" content="IE=edge">
7     <meta name="viewport" content="width=device-width, initial-scale=1.0">
8     <link href="lib/bootstrap/css/bootstrap.min.css" rel="stylesheet">
9 </head>
10 <body>
11 <form role="form" class="form-inline">
12     <div class="form-group">
13         <label for="name">名称</label>
14         <input type="text" class="form-control" id="name"
15             placeholder="请输入名称" width="50px">
```

```
16      </div>
17      <div class="form-group">
18          <label for="inputfile"> 文件输入 </label>
19          <input type="file" id="inputfile">
20          <p class="help-block"> 这里是块级帮助文本的实例。</p>
21      </div>
22      <div class="checkbox">
23          <label>
24              <input type="checkbox" class="sr-only"> 记住我
25          </label>
26      </div>
27      <button type="submit" class="btn btn-default"> 提交 </button>
28 </form>
29 </body>
30 </html>
```

用浏览器打开 demo7-7.html，页面效果如图 7-21 所示。

图 7-21　demo7-7.html 页面效果

从图 7-21 可以看出，内联表单的所有元素是内联的，向左对齐的，标签是并排的，默认情况下，Bootstrap 中的 <input>、<select> 和 <textarea> 标签有 100% 宽度。在使用内联表单时，读者需要自己在表单控件上设置一个宽度，可以使用类 .sr-only 隐藏内联表单的某个标签。

3. 水平表单

水平表单与其他表单不仅标记的数量上不同，而且表单的呈现形式也不同。创建水平布局表单的步骤如下：

（1）向父 <form> 标签添加类 .form-horizontal，改变 .form-group 的行为，并使用 Bootstrap 预置的栅格 class 将 label 和控件组水平并排布局。

（2）把标签和控件放在一个带有 .form-group 类的 <div> 中。

（3）向标签添加 .control-label 类。

实现水平表单具体代码如 demo7-8.html 所示。

demo7-8.html

```
1 <!DOCTYPE html>
2 <html>
3 <head>
4     <title>Bootstrap 水平表单 </title>
5     <meta charset="UTF-8">
6     <meta http-equiv="x-ua-compatible" content="IE=edge">
7     <meta name="viewport" content="width=device-width, initial-
```

```
            scale=1.0">
8       <link href="lib/bootstrap/css/bootstrap.min.css" rel="stylesheet">
9   </head>
10  <body>
11  <form class="form-horizontal" role="form">
12      <div class="form-group">
13          <label for="name" class="col-sm-2 control-label">用户名</label>
14          <div class="col-sm-10">
15              <input type="text" class="form-control" id="name"
                        placeholder="请输入用户名">
16          </div>
17      </div>
18      <div class="form-group">
19          <label for="password" class="col-sm-2 control-label">密码</label>
20          <div class="col-sm-10">
21              <input type="password" class="form-control" id="password"
                        placeholder="请输入密码">
22          </div>
23      </div>
24      <div class="form-group">
25          <div class="col-sm-offset-2 col-sm-10">
26              <div class="checkbox">
27                  <label>
28                      <input type="checkbox">请记住我
29                  </label>
30              </div>
31          </div>
32      </div>
33      <div class="form-group">
34          <div class="col-sm-offset-2 col-sm-10">
35              <button type="submit" class="btn btn-default">登录</button>
36          </div>
37      </div>
38  </form>
39  </body>
40  </html>
```

用浏览器打开 demo7-8.html，页面效果如图 7-22 所示。

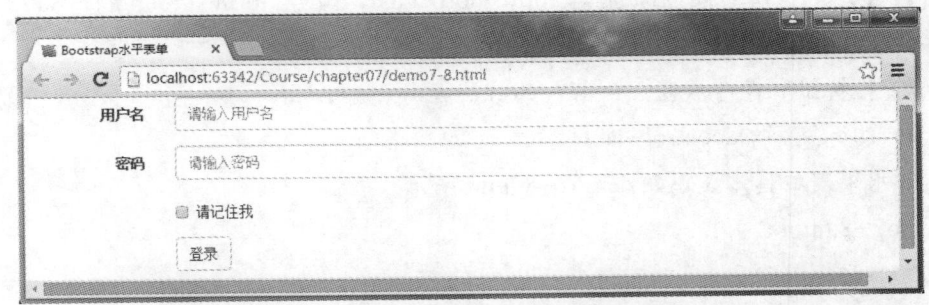

图 7-22　demo7-8.html 页面效果

4.　改变表单控件的样式

在实际开发中有时需要改变表单的默认尺寸和样式，可以通过如下方式来改变：

（1）使用 .input−lg 和 .input−sm 为控件设置高度。

（2）通过 .col−lg−* 为控件设置宽度。

（3）通过覆盖 .form−control 的样式来改变控件的样式。

改变表单控件样式的具体代码如 demo7−9.html 所示。

demo7−9.html

```
1  <!DOCTYPE html>
2  <html>
3  <head>
4      <title>Bootstrap 改变表单控件的样式 </title>
5      <meta charset="UTF-8">
6      <meta http-equiv="x-ua-compatible" content="IE=edge">
7      <meta name="viewport" content="width=device-width, initial-
               scale=1.0">
8      <link href="lib/bootstrap/css/bootstrap.min.css" rel="stylesheet">
9  </head>
10 <style>
11     .form-control{
12         background: pink;
13     }
14 </style>
15 <body>
16 <form class="form-horizontal" role="form">
17     <input class="form-control
               input-lg"type="text"placeholder=".input-lg">
18     <input class="form-control" type="text"placeholder="Defaultinput">
19     <div class="col-lg-3">
20         <input class="form-control input-lg" type="text"
                    placeholder="input-lg col-lg-3"></p>
21     </div>
22     <input class="form-control input-sm" type="text"
               placeholder="input-sm"></p>
23 </form>
24 </body>
25 </html>
```

用浏览器打开 demo7−9.html，页面效果如图 7−23 所示。

图 7−23　demo7−9.html 页面效果

在 demo7−9.html 中，分别演示了使用不同类样式的 <input> 效果，并且覆盖 .form−control 修改了背景色样式，需要注意的是，类 col−lg−* 需要在 <div> 标签上使用才能生效。

7.3.3 按钮

提到表单不得不说 Bootstrap 的按钮，使用 Bootstrap 定义按钮十分简单，可以为任何元素添加类 .btn，按钮的默认外观为圆角灰色。

1. 按钮样式

Bootstrap 提供了一些类来定义按钮的样式，支持 \<a\>、\<button\> 和 \<input\> 标签，具体如表 7-2 所示。

表 7-2　Bootstrap 按钮选项

类	描　述
.btn	为按钮添加基本样式
.btn-default	默认 / 标准按钮
.btn-primary	原始按钮样式（未被操作）
.btn-success	表示成功的动作
.btn-info	该样式可用于要弹出信息的按钮
.btn-warning	表示需要谨慎操作的按钮
.btn-danger	表示一个危险动作的按钮操作
.btn-link	让按钮看起来像个链接（仍然保留按钮行为）
.active	按钮被点击
.disabled	禁用按钮

表 7-2 中的不同样式按钮的具体应用如 demo7-10.html 所示。

demo7-10.html

```
1  <!DOCTYPE html>
2  <html>
3  <head>
4  <title>Bootstrap 按钮 </title>
5  <meta charset="UTF-8">
6  <meta http-equiv="x-ua-compatible" content="IE=edge">
7  <meta name="viewport" content="width=device-width, initial-
       scale=1.0">
8  <link href="lib/bootstrap/css/bootstrap.min.css" rel="stylesheet">
9  </head>
10 <body>
11 <!-- 标准的按钮 -->
12 <button type="button" class="btn btn-default"> 默认按钮 </button>
13 <!-- 提供额外的视觉效果，标识一组按钮中的原始动作 -->
14 <button type="button" class="btn btn-primary"> 原始按钮 </button>
15 <!-- 表示一个成功的或积极的动作 -->
16 <button type="button" class="btn btn-success"> 成功按钮 </button>
17 <!-- 信息警告消息的上下文按钮 -->
18 <button type="button" class="btn btn-info"> 信息按钮 </button>
19 <!-- 表示应谨慎采取的动作 -->
20 <button type="button" class="btn btn-warning"> 警告按钮 </button>
```

```
21 <!-- 表示一个危险的或潜在的负面动作 -->
22 <button type="button" class="btn btn-danger">危险按钮</button>
23 <!-- 并不强调是一个按钮，看起来像一个链接，但同时保持按钮的行为 -->
24 <button type="button" class="btn btn-link">链接按钮</button>
25 </body>
26 </html>
```

用浏览器打开 demo7-10.html，页面效果如图 7-24 所示。

图 7-24　demo7-10.html 页面效果

2. 按钮大小

Bootstrap 中提供了一些类用于控制按钮的大小，如表 7-3 所示。

表 7-3　Bootstrap 按钮大小

类	描　　述
.btn-lg	大按钮
.btn-sm	小按钮
.btn-xs	超小按钮
.btn-block	创建块级的按钮，会横跨父元素的全部宽度

表 7-3 中类的具体使用如 demo7-11.html 所示。

demo7-11.html

```
1  <!DOCTYPE html>
2  <html>
3  <head>
4  <title>Bootstrap 按钮大小 </title>
5  <meta charset="UTF-8">
6  <meta http-equiv="x-ua-compatible" content="IE=edge">
7  <meta name="viewport" content="width=device-width, initial-
          scale=1.0">
8  <link href="lib/bootstrap/css/bootstrap.min.css" rel="stylesheet">
9  </head>
10 <body style="padding: 20px;width:500px;">
11 <!-- 标准的按钮 -->
12 <button type="button" class="btn btn-default">默认按钮 </button>
13 <button type="button" class="btn btn-lg btn-default">大的默认按钮 </button>
14 <br/><br/>
15 <!-- 提供额外的视觉效果，标识一组按钮中的原始动作 -->
16 <button type="button" class="btn btn-primary">原始按钮 </button>
17 <button type="button" class="btn btn-sm btn-primary">小的原始按钮 </button>
```

```
18 <br/><br/>
19 <!-- 表示一个成功的或积极的动作 -->
20 <button type="button" class="btn btn-success">成功按钮</button>
21 <button type="button" class="btn btn-xs btn-success">特别小的成功按钮
        </button>
22 <br/><br/>
23 <!-- 用于要弹出信息的按钮 -->
24 <button type="button" class="btn btn-info">信息按钮</button><br/><br/>
25 <button type="button" class="btn btn-block btn-info">块级信息按钮</button>
26 </body>
27 </html>
```

用浏览器打开 demo7−11.html，页面效果如图 7−25 所示。

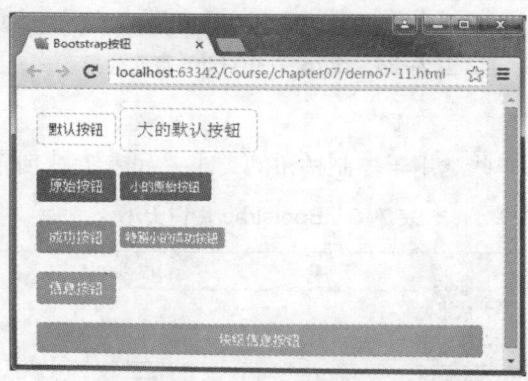

图 7−25　demo7−11.html 页面效果

7.3.4　标签页

Bootstrap 提供了几种标签页，在这里讲解一下应用比较广泛的胶囊标签页。Bootstrap 制作胶囊标签页主要分为以下步骤：

（1）使用一个完整的标签页分为页头选项卡和内容两部分。

（2）页头使用 <ul> 标签，在 <ul> 中添加 .nav 和 .nav-tabs 类，会应用 Bootstrap 标签页样式；添加 .nav 和 . nav-pills 类会应用胶囊标签样式。需要几个标签项就添加几个 <li> 标签。

（3）在 <li> 标签中添加 <a> 标签，<a> 标签的 href 的值直接跟标签页下面的内容 <div> 的 id 关联，十分重要。

（4）在 <a> 标签中添加 data−toggle="tab" 或 data−toggle="pill"。页头部分示例代码如下：

```
<ul class="nav nav-tabs">
   <li><a href="#identifier" data-toggle="tab">Home</a></li>
...
</ul>
```

（5）内容部分最外层使用 <div> 标签添加类 .tab–content，然后添加每个标签项对应的 <div> 标签，这些标签添加类 .tab–pane 和对应标签项的 id 值，示例代码如下：

```
<div class="tab-content">
<div class="tab-pane active" id="home">...</div>
<div class="tab-pane " id="profile">...</div>
<div class="tab-pane " id="messages">...</div>
</div>
```

在上述代码中，.active 类用来定义当前选中的项，下面通过一个案例演示最基本的胶囊标签页，具体代码如 demo7–12.html 所示。

demo7–12.html

```
1  <!DOCTYPE html>
2  <html>
3  <head>
4  <title>胶囊标签页</title>
5  <meta charset="UTF-8">
6  <meta http-equiv="x-ua-compatible" content="IE=edge">
7  <meta name="viewport" content="width=device-width, initial-scale=1.0">
8  <link href="lib/bootstrap/css/bootstrap.min.css" rel="stylesheet">
9  </head>
10 <br>
11 <ul class="nav nav-pills">
12 <li role="presentation" class="active"><a href="#home"
       role="tab" data-toggle="pill">Home</a></li>
13 <li role="presentation"><a href="#profile" role="tab"
       data-toggle="pill">Profile</a></li>
14 <li role="presentation"><a href="#messages" role="tab"
       data-toggle="pill">Messages</a></li>
15 </ul>
16 <div class="tab-content">
17 <div class="tab-pane  active" id="home">我是第一页</div>
18 <div class="tab-pane " id="profile">我是第二页</div>
19 <div class="tab-pane " id="messages">我是第三页</div>
20 </div>
21 <script src="lib/jquery/jquery-1.11.0.min.js"></script>
22 <script src="lib/bootstrap/js/bootstrap.min.js"></script>
23 </body>
24 </html>
```

用浏览器打开 demo7–12.html，页面效果如图 7–26 所示。

单击 Messages 选项，会切换到第三页，如图 7–27 所示。

图 7-26 demo7-12.html 页面效果

图 7-27 demo7-12 选项切换效果

7.3.5 轮播插件

Bootstrap 轮播插件（Carousel）是一种灵活的响应式的向站点添加滑块的方式。轮播的内容可以是图像、内嵌框架、视频或者其他想要放置的任何类型的内容，使用该插件时必须引入 bootstrap.js 或压缩版的 bootstrap.min.js。

下面以轮播图片为例讲解 Bootstrap 轮播插件的使用，轮播图的实现主要由三部分构成：轮播的图片、轮播图片的计数器、轮播图片的控制器。

1. 设计轮播容器

使用 .carousel 类设计轮播图片的容器，并为该容器添加 id，方便后面的使用，示例代码如下：

```
<div id="slidershow" class="carousel">
   ...
</div>
```

2. 设计轮播计数器

在轮播容器 div.carousel 的内部添加轮播计算器 .carousel-indicators 类，其主要功能是显示当前图片的播放顺序（有几张图片就放置几个 li），一般采用有序列表来制作，该内容放在轮播容器内，示例代码如下：

```
<!-- 设置图片轮播的顺序 -->
 <ol class="carousel-indicators">
    <li class="active">1</li>
    <li>2</li>
    <li>3</li>
    <li>4</li>
    <li>5</li><
</ol>
```

3. 设计轮播图片控制器

很多时候轮播图片还具有一个向前播放和向后播放的控制器。在 Carousel 中通过 .carousel-control 类配合 left 和 right 来实现。其中，left 表示向前播放，right 表示向后播放。该内容同样放在 carousel 轮播容器内，示例代码如下：

```
<!-- 设置轮播图片控制器 -->
<a class="left carousel-control" href="" >
   <span class="glyphicon glyphicon-chevron-left"></span>
</a>
<a class="right carousel-control" href="">
   <span class="glyphicon glyphicon-chevron-right"></span>
</a>
```

4. 添加图片描述

Bootstrap 中可以使用 <div> 标签添加 .carousel-caption 类为图片添加描述信息，这部分内容只需要在 div.item 中图片底部添加对应的代码，示例代码如下：

```
<!-- 图片对应标题和描述内容 -->
<div class="carousel-caption">
   <h3>图片标题 </h3>
   <p>描述内容 ...</p>
</div>
```

5. 声明式触发轮播

声明式方法是通过定义 data 属性来实现，data 属性可以很容易地控制轮播的位置。主要包括以下几种：

（1）data-ride 属性：取值 carousel，并且将其定义在 carousel 上。

（2）data-target 属性：取值 carousel 定义的 ID 名或者其他样式识别符，如前面示例所示，取值为 "#slidershow"，并且将其定义在轮播图计数器的每个 <li> 标签上。

（3）data-slide 属性：取值有两个，prev 表示向后滚动，next 表示向前滚动。该属性值同样定义在轮播图控制器的 a 链接上，同时设置控制器 href 值为容器 carousel 的 id 名或其他样式识别符。

（4）data-slide-to 属性：用来传递某个帧的下标，比如 data-slide-to="2"，可以直接跳转到这个指定的帧（下标从 0 开始计），同样定义在轮播图计数器的每个 <li> 标签上。

完整的图片轮播代码如 demo7-13.html 所示。

demo7-13.html

```
1  <!DOCTYPE html>
2  <html>
3  <head>
4     <title>Bootstrap 轮播插件 </title>
5     <meta charset="UTF-8">
6     <meta http-equiv="x-ua-compatible" content="IE=edge">
7     <meta name="viewport" content="width=device-width, initial-
          scale=1.0">
8     <link href="lib/bootstrap/css/bootstrap.min.css" rel="stylesheet">
9  </head>
10 <body>
11 <div id="slidershow" class="carousel slide" data-ride="carousel">
12     <!-- 设置图片轮播计数器 -->
```

```
13        <ol class="carousel-indicators">
14            <li class="active" data-target="#slidershow" data-slide-
                  to="0"></li>
15            <li data-target="#slidershow" data-slide-to="1"></li>
16            <li data-target="#slidershow" data-slide-to="2"></li>
17        </ol>
18        <!-- 设置轮播图片 -->
19        <div class="carousel-inner">
20            <div class="item active">
21                <a href="#">
22                    <img src="images/carousel1.jpg"
                         style=" height:400px;margin:0 auto;">
23                </a>
24                <div class="carousel-caption">
25                    <h3>图片标题1</h3>
26                    <p>描述内容1...</p>
27                </div>
28            </div>
29            <div class="item">
30                <a href="#">
31                    <img src="images/carousel2.jpg"
                         style="height:400px;margin:0 auto;">
32                </a>
33                <div class="carousel-caption">
34                    <h3>图片标题2</h3>
35                    <p>描述内容2...</p>
36                </div>
37            </div>
38            <div class="item">
39                <a href="#">
40                    <img src="images/carousel3.jpg" style="
                         height:400px;margin:0 auto;">
41                </a>
42                <div class="carousel-caption">
43                    <h3>图片标题3</h3>
44                    <p>描述内容3...</p>
45                </div>
46            </div>
47        </div>
48        <!-- 设置轮播图片控制器 -->
49        <a class="left carousel-control" href="#slidershow" role="button"
50           data-slide="prev">
51            <span class="glyphicon glyphicon-chevron-left"></span>
52        </a>
53        <a class="right carousel-control" href="#slidershow" role="button"
54           data-slide="next">
55            <span class="glyphicon glyphicon-chevron-right"></span>
56        </a>
57 </div>
58 <script src="lib/jquery/jquery-1.11.0.min.js"></script>
59 <script src="lib/bootstrap/js/bootstrap.min.js"></script>
60 </body>
61 </html>
```

用浏览器打开 demo7-13.html，页面效果如图 7-28 所示。

图 7-28　demo7-13.html 页面效果

图 7-28 所示的轮播图会在默认的时间后自动轮播，也可以单击左右轮播导航或者描述内容下方的圆点导航进行图片切换，如图 7-29 所示。

图 7-29　轮播图切换页面效果

需要注意的是，这里使用了自定义样式设置了图片的高度和位置，第二张图片和第一张宽度不同是因为应用了图片本身宽度，在实际开发中轮播内容的样式可以根据需求进行自定义。

多学一招：　使用 Underscore 的模板引擎

前端开发有时候避免不了要在 JavaScript 代码中插入 HTML 代码，插入的代码比较多时，在以后的编辑中容易出现问题，例如，一不小心可能漏掉某个双引号、加号导致语法错误等，为了将它们剥离开，诞生了 JavaScript 模板。

Underscore 是一个 JavaScript 实用库，提供了一整套函数式编程的实用功能，但是没有扩展任何 JavaScript 内置对象。下面介绍的 template 是 Underscore 提供的一个实用功能——模板引擎，template 功能将 JavaScript 模板编译为可以用于页面呈现的函数，通过 JSON 数据源生成复杂的 HTML 并呈现出来。

模板函数的使用语法如下：

```
_.template(templateString, [settings])
```

在上述语法中，templateString 参数通常是字符串，模板函数可以使用 <%= ... %> 插入变量，也可以用 <% ... %> 执行任意的 JavaScript 代码。如果要想在模板中插入一个值，并让其进行 HTML 转义，可以使用 <%- ... %>。具体用法如下：

（1）赋值：

```
var compiled = _.template("hello: <%= name %>");
compiled({name: 'moe'});
=> "hello: moe"
```

上述语法中，使用 _.template() 函数定义了一个变量 name，然后 compiled() 函数用于向 name 属性注入数据 'moe'。

（2）需要转义：

```
var template = _.template("<b><%- value %></b>");
template({value: '<script>'});
=> "<b>&lt;script&gt;</b>"
```

在上述语法中，插入值 '<script>'，并且成功转义为 '<script>'。

小结

本章主要讲解了 Bootstrap 的使用。首先是 Bootstrap 的下载安装，然后介绍了 Bootstrap 的常用布局，包括布局容器、栅格系统、响应式工具等。最后讲解了页面常用的功能区块用 Bootstrap 如何实现，包括导航栏、表单、按钮、标签页、轮播插件等。

由于篇幅有限，本章并没有列举出 Bootstrap 的所有功能，要求读者掌握 Bootstrap 的常规使用方法，并善于利用手册来尝试 Bootstrap 中更多的功能。

【思考题】

1. 简述 Bootstrap 包中提供了哪些内容。
2. 简述 Bootstrap 栅格系统的工作原理。

第8章

综合项目——黑马财富

互联网发展至今，相信很多读者对"线上理财"并不陌生，传统的投资理财方式是用户去银行或者理财公司，通过业务员进行相应业务的办理，"线上理财"的实现方式是建立投资理财网站，可以让用户足不出户、在线了解相应的理财产品，并且自助办理相关业务。本章将带领读者完成一个模拟理财公司的网站首页的响应式页面，将其命名为"黑马财富"。

【学习导航】

学习目标	(1) 了解项目的整体结构 (2) 能够参考教材完成项目代码 (3) 掌握项目中使用的重点知识
学习方式	以页面效果展示、页面结构分析和代码演示的方式为主
重点知识	(1) 视口和媒体查询 (2) Bootstrap 响应式工具 (3) Bootstrap 布局容器 (4) Bootstrap 栅格系统 (5) Bootstrap 轮播图 (6) undersocre (7) Bootstrap 标签页 (8) Touch 事件
关键词	Bootstrap、container、navbar、col-*-*、响应式工具、carousel、underscore、Touch

8.1 项目简介

本项目名称为"黑马财富",是一个跨平台响应式的投资理财网站首页,首先为读者介绍项目的基本功能、页面结构和项目的目录结构。

8.1.1 项目功能展示

本项目支持 PC 端及移动端屏幕的自适应,这里移动端主要以 iPad 和 iPhone 6 Plus 的页面效果为主,网页在 PC 端的页面效果如图 8-1 所示。

图 8-1 PC 首页展示效果－上半部分

用鼠标向下滑动页面可以看到网页下半部分,如图 8-2 所示

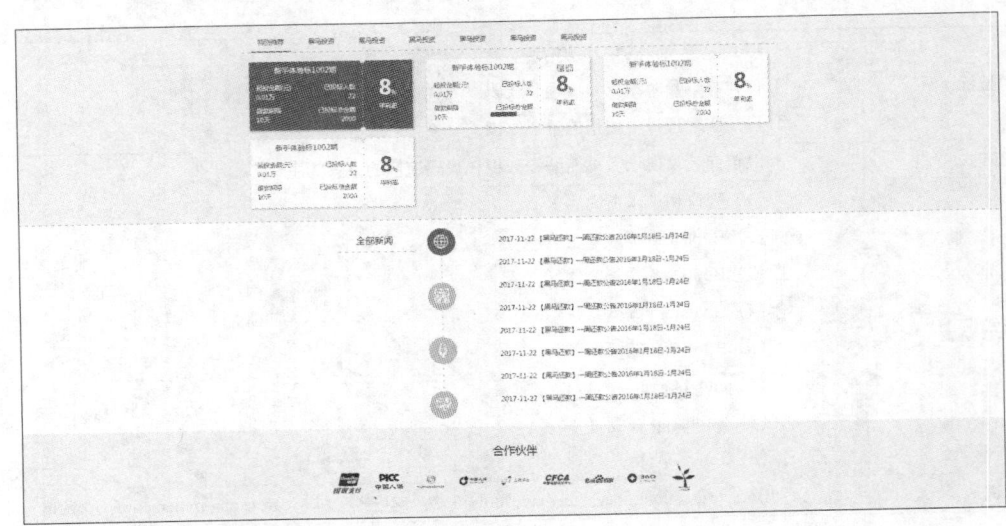

图 8-2 PC 首页展示效果－下半部分

使用 Chrome 的开发者工具,测试该页面在 iPad 上的页面效果如图 8-3 所示。

在图 8-3 所示的页面中，按下鼠标，模拟手指向上滑动屏幕，通过这种方式，可以查看页面下半部分的效果，如图 8-4 所示。

图 8-3　iPad 页面效果

图 8-4　iPad 下半部分页面效果

该页面在 iPhone 6 Plus 上的页面效果如图 8-5 所示。

图 8-5　iPhone 6 Plus 上的页面效果

在图 8-5 的页面中，按下鼠标向上滑动屏幕，可以查看页面下半部分的效果，如图 8-6、图 8-7 所示。

图 8-6　iPhone6 Plus 上的页面效果

图 8-7　iPhone6 Plus 上的页面效果

8.1.2　项目目录和文件结构

为了方便读者进行项目的搭建，下面介绍"黑马财富"项目的目录结构，如图 8-8 所示。

在图 8-8 中，各个目录和文件的说明如下：

（1）itheima：itheima 作为顶级目录名称，也是项目的名称，在该目录下有 4 个目录：css、fonts、images 和 js，以及该项目的入口 index.html 文件。

（2）css: css 文件目录，在该目录下有一个文件 index.css，用于添加自定义的样式代码。

（3）fonts: 字体文件目录，用于存放项目的引用的字体文件。

（4）images: 图片文件目录，用于存放项目的引用的图片文件。

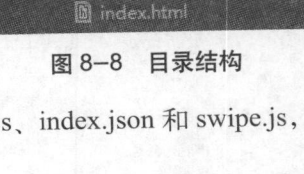

图 8-8　目录结构

（5）js:JavaScript 文件目录，该目录下有 3 个文件：index.js、index.json 和 swipe.js，三个文件的说明如下：

- index.js: 用于添加处理轮播图等在不同设备上展示效果相关的 JavaScript 代码。
- index.json: 用于存放动态轮播图需要应用的 JSON 字符串。
- swipe.js: 用于处理触摸屏滑动操作的 JavaScript 代码。

（6）lib: 第三方框架目录，用于存放引用第三方 API 的内容，包括 bootstrap、html5shiv、jquery、respond 和 underscore。

（7）bootstrap: 该目录下是引用的响应式开发框架 Bootstrap API。

（8）html5shiv: 该目录下包含文件 html5shiv.min.js，通常在某个浏览器不支持 HTML5 标签时使用。

（9）jquery：用于存放 jQuery 框架 API，这里引入 jQuery 是由于 Bootstrap 依赖 jQuery。

（10）respond: 该目录下包含 respond.js，通常在某个浏览器不支持媒体查询时使用。

（11）underscore: 该目录下包括引入的模板引擎 API underscore-min.js。

为了让读者更好地完成本项目，在后面将项目分成几个任务，带领读者一步一步地完成。

8.1.3　项目开发流程

一个项目或者产品从开始到上线都要遵循开发流程，才能够按部就班地完成。通常情况下，一个项目或产品的开发流程具体如下：

1. 产品创意

结合公司发展方向及战略目标，提出产品创意。简而言之，我们要做一个什么产品，为什么要做这个产品。

2. 产品原型

产品原型的设计包括功能、页面、最重要的是用户体验。该工作通常由产品经理完成。

3. 美工设计

美工根据产品经理提供的原型图实现符合原型与审美的 psd 设计图。

4. 前端实现

前端工程师拿到美工设计好的 psd 图，负责具体的 html、css 静态页面的实现，实现 JavaScript 动态特效、动态数据的绑定和交互。

5. 后端实现

实现数据处理、业务逻辑代码。

6. 测试、试运行、上线

在上述 6 个步骤中，作为前端工程师我们主要关注第 4 部，前端实现的部分，对于其他步骤了解即可。

【任务 1】 index.html 页面结构搭建

■ 【任务描述】

本项目所有 HTML 代码在文件名为 index.html 中编写，该页面要求适应 PC 和移动端。本任务的目的是完成 index.html 的页面结构搭建，包括以下内容：

(1) 完成视口的配置。

(2) 完成所有第三方 API 所需的 CSS 文件和 JavaScript 文件的引入。

(3) 完成自定义 CSS 文件和 JavaScript 文件的引入。

(4) 完成页面中模块的分配（标记每个模块最外层的盒子即可）。

■ 【任务分析】

本任务首先需要配置页面的语言环境、字符编码和视口等，然后引入第三方 API。需要引入的文件有：bootstrap.css、html5shiv.min.js、respond.js、jquery.min.js、bootstrap.js、underscore-min.js。

除第三方 API 的文件外，还有自定义的 CSS 文件和 JavaScript 文件：index.css、index.js、swipe.js。

页面基本配置和文件引入工作完成后，开始模块的分配。index.html 由多个模块组成，在网页中从上到下分别为顶部通栏、导航栏、轮播图、信息模块、预约模块、产品模块、新闻模块和合作伙伴模块，所有模块使用通栏布局，整体结构如图 8-9 所示。

在图 8-9 中，标记了每个模块最外层盒子，其中 div.heima_banner 的 div 表示 <div> 标签的 class 值为 heima_banner，完整的写法是 <div class="heima_banner">，这种描述方式是本书作者为了图形简洁自定义的表达方式，在本书后面遇到类似的描述依此类推。

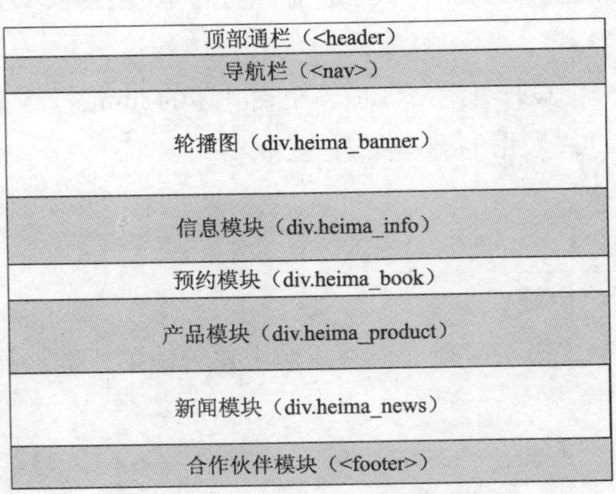

顶部通栏（<header>）
导航栏（<nav>）
轮播图（div.heima_banner）
信息模块（div.heima_info）
预约模块（div.heima_book）
产品模块（div.heima_product）
新闻模块（div.heima_news）
合作伙伴模块（<footer>）

图 8-9　index.html 模块结构

■ 【代码实现】

对 index.html 的文件结构有了了解，下面开始实现代码，index.html 的页面结构代码如下：

index.html

```
1  <!DOCTYPE html>
2  <!-- 指明当前的页面使用的语言环境 -->
3  <html lang="zh-CN">
4  <head>
5      <!-- 指明当前页面的字符编码格式是 utf-8 -->
6      <meta charset="utf-8">
7      <!-- 指明当前的页面在 IE 浏览器渲染的时候使用最新的渲染引擎来渲染 -->
8      <meta http-equiv="X-UA-Compatible" content="IE=edge">
9      <!-- 标准的视口设置 -->
10     <meta name="viewport"
             content="width=device-width,initial-scale=1,user-scalable=0">
11     <!-- 上述 3 个 meta 标签必须放在最前面，任何其他内容都必须跟随其后！ -->
12     <title>黑马财富 -itheima</title>
13     <!-- Bootstrap -->
14     <!--bootstrap 核心 css 文件  -->
15     <link href="../itheima/lib/bootstrap/css/bootstrap.css"
             rel="stylesheet">
16     <!--
17         在 IE8 以下都不支持 html5 标签和媒体查询，引入两 js 插件：
18         html5shiv 支持 HTML5 标签
19         respond   支持媒体查询，必须在 http 形式下访问才有用
20     -->
21     <!--[if lt IE 9]>
22     <script src="../itheima/lib/html5shiv/html5shiv.min.js"></script>
23     <script src="../itheima/lib/respond/respond.js"></script>
24     <![endif]-->
25     <link rel="stylesheet" href="../itheima/css/index.css"/>
26 </head>
27 <body>
28     <!-- 顶部通栏 -->
29     <header class="heima_topBar">
30     </header>
31     <!-- 导航栏 -->
32     <nav class="navbar heima_nav">
33     </nav>
34     <!-- 轮播图 -->
35     <div class="heima_banner">
36     </div>
37     <!-- 信息模块 -->
38     <div class="heima_info">
39     </div>
40     <!-- 预约 -->
41     <div class="heima_book">
```

```
42    </div>
43    <!-- 产品模块 -->
44    <div class="heima_product">
45    </div>
46    <!-- 新闻模块 -->
47    <div class="heima_news">
48    </div>
49    <!--footer 模块 -->
50    <footer class="heima_partner">
51    </footer>
52 <!--bootstrap是依赖jquery的 -->
53 <script src="../itheima/lib/jquery/jquery.min.js"></script>
54 <!--bootstrap 的核心 js 文件 -->
55 <script src="../itheima/lib/bootstrap/js/bootstrap.js"></script>
56 <!--underscore-->
57 <script src="../itheima/lib/underscore/underscore-min.js"></script>
58 <!-- 自定义的 JavaScript-->
59 <script src="../itheima/js/swipe.js"></script>
60 <script src="../itheima/js/index.js"></script>
61 </body>
62 </html>
```

　　在上述代码中，第 13~25 行引用了该项目所有需要的 CSS 样式表，第 52~60 行引用了项目所需的 JavaScript 文件，这里需要注意，在项目开发时 CSS 文件通常在页面的上方引用，而 JavaScript 文件通常在页面下方引用（浏览器的配置除外），这样做的目的是避免跟主要功能无关 JavaScript 代码一直加载，影响用户的体验。第 28~51 行为页面的所有模块定义了对应的元素，这样后面的任务就可以向相应的模块中添加代码。

8.3 【任务 2】 顶部通栏模块

■ 【任务描述】

　　"黑马财富"的第 2 个任务是完成顶部通栏模块，该项目的顶部通栏模块在 PC 端的页面效果如图 8-10 所示。

图 8-10　顶部通栏 PC 页面效果

　　当鼠标悬停到"手机黑马财富"上时，会显示一个二维码，鼠标移开时二维码消失，这里假设该二维码用于下载"黑马财富"对应的手机 APP，页面效果如图 8-11 所示。

图 8-11　二维码显示效果

在移动端访问该页面时，隐藏整个顶部通栏。

■ 【任务分析】

了解了该任务要实现的效果后，分析一下页面结构，如图 8-12 所示。

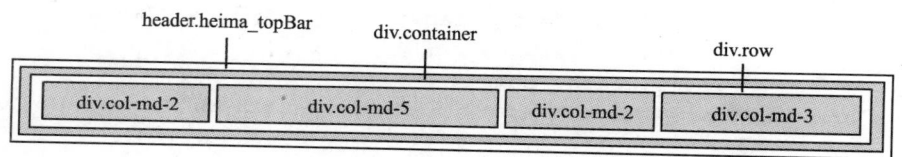

图 8-12　顶部通栏页面结构图

图 8-12 所示的顶部通栏的所有内容包含在一个 <header> 标签中，并且在 <header> 中嵌套 div.container 布局容器，通过栅格系统进行布局，将整个顶部通栏被划分为 4 个部分：div.col-md-2、div.col-md-5、div.col-md-2、div.col-md-3。

页面的实现细节，具体分析如下：

（1）第 1 个栅格（div.col-md-2）中，主要内容为 <a> 链接和二维码图片，文字的前后图标使用字体图标来实现。

（2）第 2 个栅格（div.col-md-5）中，包含字体图标和文字信息。

（3）第 3 个栅格（div.col-md-2）中，包含内容为两个 <a> 链接。

（4）第 4 个栅格（div.col-md-3）中，包含内容为两个 <a> 链接，不同的是两个链接使用了 Bootstrap 的按钮样式。

■ 【代码实现】

对顶部通栏页面的结构有所了解后，开始实现代码。

（1）在 index.html 中添加如下代码：

index.html

```
1  <!-- 顶部通栏 -->
2      <header class="heima_topBar hidden-sm hidden-xs">
```

```
3        <div class="container">
4            <div class="row">
5                <div class="col-md-2">
6                    <a href="#" class="heima_app">
7                        <span class="heima_icon heima_icon_
                            phone"></span>
8                        <span> 手机黑马财富 </span>
9                        <span class="glyphicon glyphicon-menu-
                            down"></span>
10                       <img src="images/code.jpg" alt=""/>
11                   </a>
12               </div>
13               <div class="col-md-5">
14                   <span class="heima_icon heima_icon_tel"></span>
15                   <span>4006-618-9090（服务时间：9:00-21:00）</span>
16               </div>
17               <div class="col-md-2">
18                   <a href="#"> 常见问题 </a>
19                   <a href="#" class="m_110"> 财富登录 </a>
20               </div>
21               <div class="col-md-3">
22       <a href="#" type="button" class="btn btn-danger btn-sm btn-register">
23           免费注册 </a>
24       <a href="#" type="button" class="btn btn-link btn-sm btn-login"> 登录 </a>
25               </div>
26           </div>
27       </div>
28   </header>
```

在上述代码中，为了便于样式的设置，文字内容多数放在 <span> 标签中，第 7 行 span.heima_icon 和 class.heima_icon_iphone 是自定义的字体图标引用方式，第 9 行 span. glyphicon 和 span.glyphicon–menu–down 是 Bootstrap 提供的字体图标引入方式。

（2）在 index.css 文件中添加如下样式代码：

index.css

```
1  // 公用的 css   common
2  body{
3      font-family: "Microsoft YaHei",sans-serif;
4      font-size: 14px;
5      color: #333;
6  }
7  a{
8      color: #333;
9  }
10 a:hover{
11     color: #333;
12     text-decoration: none;
13 }
14 // 定义自定义的字体
```

```
15 @font-face {
16      font-family: itheima;/* 指定字体的名称 */
17      src: url('../fonts/MiFie-Web-Font.eot') format('embedded-opentype'),
18      url('../fonts/MiFie-Web-Font.svg') format('svg'),
19      url('../fonts/MiFie-Web-Font.ttf') format('truetype'),
20      url('../fonts/MiFie-Web-Font.woff') format('woff');
21 }
22 // 应用自定义字体
23 .heima_icon{
24      font-family: itheima;
25 }
26 .heima_icon_phone::before{
27      content: "\e908";
28 }
29 .heima_icon_tel::before{
30      content: "\e909";
31 }
32 // 顶部通栏
33 .heima_topBar{
34      border: 1px solid #ccc;
35      font-size: 12px;
36      color: #666;
37      position: relative;
38      z-index: 1001;
39 }
40 .heima_topBar a{
41      color: #666;
42 }
43 .heima_topBar a:hover{
44      color: #666;
45 }
46 // + ~
47 .heima_topBar>.container>.row>div{
48      height: 40px;
49      line-height: 40px;
50      text-align: center;
51 }
52 .heima_topBar > .container > .row > div + div{
53      border-left: 1px solid #ccc;
54 }
55 // 二维码的位置及显示、隐藏
56 .heima_app{
57      position: relative;
58      display: block;
59 }
60 .heima_app img{
61      display: none;
62 }
63 .heima_app:hover img{
```

```
64        display: block;
65        position: absolute;
66        top: 40px;
67        left: 50%;
68        border: 1px solid #ccc;
69        border-top: none;
70        margin-left: -60px;
71 }
72 // 注册按钮
73 .heima_topBar .btn-register{
74        background: #E92322;
75        color: #fff;
76        padding: 3px 15px;
77 }
78 .heima_topBar .btn-register:hover{
79        color: #fff;
80        border-color:#E92322;
81 }
82 // 登录按钮
83 .heima_topBar .btn-login:hover{
84        text-decoration: none;
85 }
```

在上述代码中，第 1~13 行是整个 index.html 页面公用的 CSS 代码，包括文字字体、大小等；第 15~31 行定义并应用了自定义的字体图标；第 33~54 行代码用于顶部通栏整体的样式设置，包过 <a> 标签的样式和几部分的位置等；第 56~71 行用于设置二维码图片的位置、显示和隐藏；第 73~84 行用于设置注册按钮和登录按钮的样式。

8.4 【任务 3】 导航栏模块

■ 【任务描述】

"黑马财富"的第三个任务是导航栏，该项目的导航栏模块在 PC 端的页面效果如图 8-13 所示。

图 8-13　导航栏 PC 页面效果

该页面在 iPad 上的页面效果如图 8-14 所示。

在 iPhone 6 plus 上会折叠导航菜单，同时出现一个"≡"按钮，页面效果如图 8-15 所示。

单击图 8-15 中的"≡"汉堡按钮，汉堡菜单会展开，页面效果如图 8-16 所示。

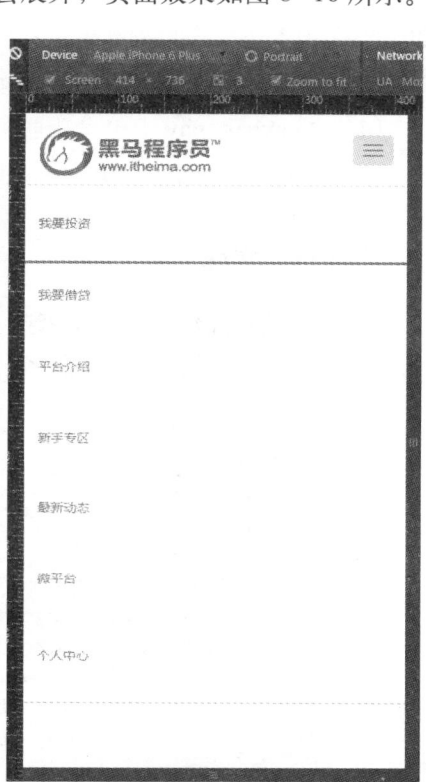

图 8-16　展开"≡"菜单

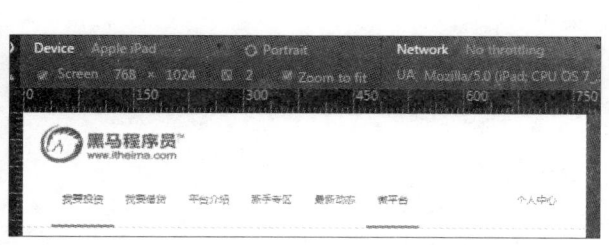

图 8-14　导航栏 iPad 页面效果

图 8-15　导航栏汉堡按钮

■【任务分析】

了解该任务要实现的效果后，分析一下页面结构，如图 8-17 所示。

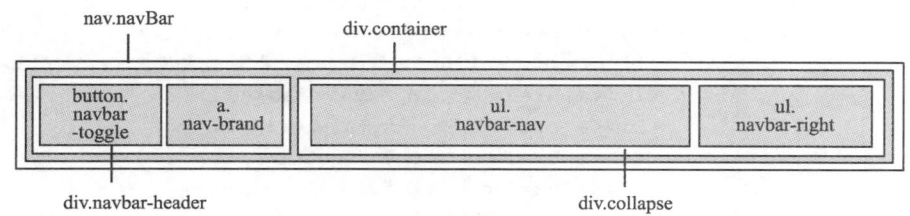

图 8-17　顶部通栏页面结构图

图 8-17 所示的导航栏使用 Bootstrap 提供的响应式导航栏来完成，所有内容包含在一个 <nav> 标签中，并且在 <nav> 中嵌套 div.container 布局容器。整个导航栏被划分为两

大部分：div.navbar−header 和 div.collapse。

页面的实现细节，具体分析如下：

（1）div.navbar−header 中包含 "≡" 按钮 button.navbar−toggle 和 a.nav−brand。

（2）div.collapse 中主要包含普通导航菜单 ul.navbar−nav 和个人中心导航 ul.navbar−right。

（3）a.nav−brand 中包含企业 log 图片。

（4）ul.navbar−nav 中包含普通菜单，Boostrap 会在手机端自动实现 "≡" 菜单。

（5）ul.navbar−right 中包含个人中心菜单。

【代码实现】

对导航栏的页面结构有所了解后，开始实现代码。

（1）在 index.html 中添加如下代码。

index.html

```
1   <!-- 导航栏 -->
2       <nav class="navbar heima_nav">
3           <div class="container">
4               <div class="navbar-header">
5               <button type="button" class="navbar-toggle collapsed"
                        data-toggle="collapse"
                        data-target="#bs-example-navbar-collapse-1"
                        aria-expanded="false">
6                   <span class="sr-only">Toggle navigation</span>
7                   <span class="icon-bar"></span>
8                   <span class="icon-bar"></span>
9                   <span class="icon-bar"></span>
10              </button>
11              <a class="navbar-brand" href="#">
12                  <img src="images/logo.png">
13              </a>
14          </div>
15          <div class="collapse navbar-collapse"
                    id="bs-example-navbar-collapse-1">
16          <ul class="nav navbar-nav">
17              <li class="active"><a href="#"> 我要投资 </a></li>
18              <li><a href="#"> 我要借贷 </a></li>
19              <li><a href="#"> 平台介绍 </a></li>
20              <li><a href="#"> 新手专区 </a></li>
21              <li><a href="#"> 最新动态 </a></li>
22              <li><a href="#"> 微平台 </a></li>
23          </ul>
24          <ul class="nav navbar-nav navbar-right hidden-sm">
25              <li><a href="#"> 个人中心 </a></li>
26          </ul>
```

```
27            </div>
28          </div>
29        </nav>
```

在上述代码中，第 5~10 行用于实现 "≡" 按钮，第 15 ~ 28 行用于实现导航菜单，需要主要的是，第 5 行 data—target 的值与 15 行 id 值的对应方式。

（2）在 index.css 文件中添加如下样式代码：

index.css

```
1   // 导航栏
2   // 设置整个导航栏的背景色、下边框等
3   .heima_nav {
4       background-color: #fff;
5       border:none;
6       border-bottom: 1px solid #ccc;
7       margin-bottom: 0;
8   }
9   .heima_nav .navbar-brand {
10      color: #777;
11      height: 80px;
12      line-height: 50px;
13  }
14  .heima_nav .navbar-brand:hover,
15  .heima_nav .navbar-brand:focus {
16      color: #5e5e5e;
17      background-color: transparent;
18  }
19  .heima_nav .navbar-text {
20      color: #777;
21  }
22  // 设置导航栏每个菜单的样式
23  .heima_nav.navbar-nav>li>a{
24      color: #777;
25      height: 80px;
26      line-height: 50px;
27  }
28  .heima_nav .navbar-nav>li>a:hover,
29  .heima_nav .navbar-nav>li>a:focus{
30      color: #333;
31      background-color: transparent;
32      border-bottom: 3px solid #E92322;
33  }
34  // 设置活动菜单和非活动菜单的样式
35  .heima_nav .navbar-nav>.active>a,
36  .heima_nav .navbar-nav>.active>a:hover,
37  .heima_nav .navbar-nav>.active>a:focus{
38      color: #555;
```

```
39     background-color: #fff;
40     border-bottom: 3px solid #E92322;
41 }
42 .heima_nav .navbar-nav>.disabled>a,
43 .heima_nav .navbar-nav>.disabled>a:hover,
44 .heima_nav .navbar-nav>.disabled>a:focus{
45     color: #ccc;
46     background-color: transparent;
47 }
48 //设置汉堡按钮的样式
49 .heima_nav .navbar-toggle{
50     border-color: #ddd;
51     margin-top: 23px;
52     margin-bottom: 23px;
53 }
54 .heima_nav .navbar-toggle:hover,
55 .heima_nav .navbar-toggle:focus{
56     background-color: #ddd;
57 }
58 .heima_nav .navbar-toggle .icon-bar{
59     background-color: #888;
60 }
61 .heima_nav .navbar-collapse,
62 .heima_nav .navbar-form{
63     border-color: #e7e7e7;
64 }
65 .heima_nav .navbar-nav>.open>a,
66 .heima_nav .navbar-nav>.open>a:hover,
67 .heima_nav .navbar-nav>.open>a:focus {
68     color: #555;
69     background-color: #e7e7e7;
70 }
71 //当屏幕小于或等于767px时菜单的样式
72 @media (max-width: 767px){
73
74     .heima_nav .navbar-nav .open .dropdown-menu>li>a {
75         color: #777;
76     }
77     .heima_nav .navbar-nav .open .dropdown-menu>li>a:hover,
78     .heima_nav .navbar-nav .open .dropdown-menu>li>a:focus {
79         color: #333;
80         background-color: transparent;
81     }
82     .heima_nav .navbar-nav .open .dropdown-menu>.active>a,
83     .heima_nav .navbar-nav .open .dropdown-menu>.active>a:hover,
84     .heima_nav .navbar-nav .open .dropdown-menu>.active>a:focus {
85         color: #555;
86         background-color: #e7e7e7;
```

```
87        }
88    .heima_nav .navbar-nav .open .dropdown-menu>.disabled > a,
89    .heima_nav .navbar-nav .open .dropdown-menu>.disabled > a:hover,
90    .heima_nav .navbar-nav .open .dropdown-menu>.disabled > a:focus {
91        color: #ccc;
92        background-color: transparent;
93      }
94  }
95  .heima_nav .navbar-link {
96      color: #777;
97  }
98  .heima_nav .navbar-link:hover {
99      color: #333;
100   }
101   .heima_nav .btn-link {
102      color: #777;
103   }
104   .heima_nav .btn-link:hover,
105   .heima_nav .btn-link:focus {
106      color: #333;
107   }
108   .heima_nav .btn-link[disabled]:hover,
109   fieldset[disabled] .heima_nav .btn-link:hover,
110   .heima_nav .btn-link[disabled]:focus,
111   fieldset[disabled] .heima_nav .btn-link:focus {
112      color: #ccc;
113   }
```

在上述代码中，首先设置导航栏整体样式，通过覆盖 Bootstrap 导航栏的 .navbar-brand、.navbar-text 等，来改变导航栏的默认样式；第 23~33 行用来设置导航栏中每个菜单的样式；第 35~47 行用来设置菜单的选中和非选中两种状态的样式；第 49 到 70 行用于设置："≡"按钮的样式；第 71~113 行是媒体查询代码，用于设置当页面宽度小于或等于 767px 时菜单的样式。

8.5 【任务 4】 轮播图模块

■ 【任务描述】

"黑马财富"的第 4 个任务是完成动态轮播图模块，该项目的轮播图模块在 PC 端的页面效果如图 8-18 所示。

该页面在 iPad 和 iPhone 6 Plus 上将改变轮播图片的比例，页面效果如图 8-19、图 8-20 所示。

图 8-18　轮播图模块 PC 端的页面效果

图 8-19　iPad 轮播图

图 8-20　iPhone 6 Plus 轮播图

【任务分析】

了解该任务要实现的效果后，分析一下页面结构，如图 8-21 所示。

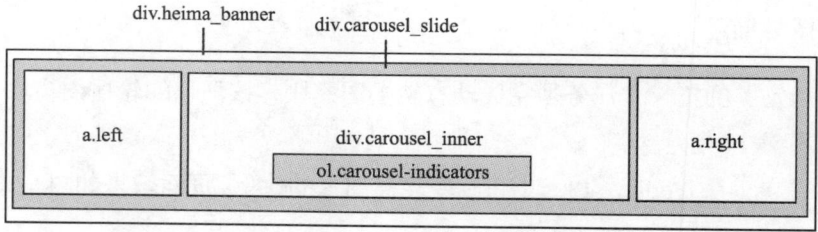

图 8-21　轮播图页面结构

图 8-21 所示的轮播图是基于 Bootstrap 的轮播插件实现静态轮播图，然后使用 underscore 模板引擎结合 JavaScript 代码来实现动态轮播图。所有内容包含在一个 div.hei-ma_banner 标签中，并且在 div.heima_banner 中嵌套 div.carousel slide。整个轮播被划分为四大部分：div.carouse-inner、a.left、a.right 和 ol.carousel-indicators。

页面的实现细节，具体分析如下：

（1）div.carouse-inner 用于存放轮播的图片。

（2）a.left 和 a.right 是轮播控制器。

（3）ol.carousel-indicators 是控制轮播图序列的轮播计数器。

页面的动态响应式效果，思路如下：

（1）Bootstrap 轮播图自带一些响应式的效果，但是为了页面美观，选择在 PC 端和移动端使用不同大小的图片资源。

（2）显示不同图片资源可以通过将 div.carouse-inner 中需要轮播图片的 HTML 代码变成动态。

（3）将两种不同大小图片资源路径定义成固定的字符串，通过 Ajax 获取字符串数据，判断设备是移动端还是 PC 端，使用 underscore 模板引擎来拼接 HTML，最后将 HTML 代码放到 div.carouse-inner 中。

（4）在移动端需要使用 Touch 事件来实现手势滑动轮播图的效果。

【代码实现】

对轮播图的页面结构有所了解后，开始实现代码。

（1）在 index.html 中添加如下代码：

index.html

```
1    <!-- 轮播图 -->
2    <div class="heima_banner ">
3        <div id="carousel-example-generic" class="carousel slide"
             data-ride="carousel">
4            <ol class="carousel-indicators"></ol>
5            <div class="carousel-inner" role="listbox"></div>
6            <a class="left carousel-control"
   href="#carousel-example-generic" role="button" data-slide="prev">
7                <span class="glyphicon glyphicon-chevron-left"
                     aria-hidden="true"></span>
8                <span class="sr-only">Previous</span>
9            </a>
10           <a class="right carousel-control"
   href="#carousel-example-generic" role="button" data-slide="next">
11               <span class="glyphicon glyphicon-chevron-right"
                   aria-hidden="true"></span>
```

```
12              <span class="sr-only">Next</span>
13           </a>
14        </div>
15     </div>
```

在上述代码中，第 3 行定义了轮播图的 id 为 carousel-example-generic，与轮播控制器第 6 行和第 10 行的 <a> 标签的 href 相对应，轮播控制器的左右箭头使用 Bootstrap 的字体图标来完成；第 4 行使用 <ol> 标签定义了轮播计数器，第 5 行定义了 div.carousel-inner 来存放轮播内容。

（2）在 index.css 文件中添加如下样式代码：

index.css

```
1   // 轮播图
2   .pc_imageBox{
3       height: 410px;
4       width: 100%;
5       display: block;
6       background-repeat: no-repeat;
7       background-position:center;
8       background-size: cover;
9   }
10  .m_imageBox{
11      width: 100%;
12      display: block;
13  }
14  .m_imageBox img{
15      width: 100%;
16      display: block;
17  }
```

在上述代码中，.pc_imageBox 用于设置 PC 端要显示的轮播图样式，.m_imageBox 用于设置移动端的轮播图样式。

（3）在 chapter08\itheima\js 目录下创建 index.json 文件，并在该文件中添加如下内容：

index.json

```
[
  {
    "pc":"images/slide_01_2000x410.jpg",
    "mb":"images/slide_01_640x340.jpg"
  },
  {
    "pc":"images/slide_02_2000x410.jpg",
    "mb":"images/slide_02_640x340.jpg"
  },
  {
    "pc":"images/slide_03_2000x410.jpg",
    "mb":"images/slide_03_640x340.jpg"
```

```
      },
      {
        "pc":"images/slide_04_2000x410.jpg",
        "mb":"images/slide_04_640x340.jpg"
      }
    ]
```

在上述文件中，定义了 JSON 字符串，在 JavaScript 代码中获取该字符串，用于实现动态轮播图效果，pc 对应 PC 端图片资源路径，mb 对应移动端图片资源路径。

（4）在 index.js 中添加如下代码：

index.js

```
1  // 初始化
2  $(function(){
3      banner();
4      $('[data-toggle="tooltip"]').tooltip();// 需要自己去初始化工具提示
5  });
6  // 动态轮播图
7  function banner(){
8      var myData;
9      // 获取数据
10     var getData=function(callback){
11         if(myData){
12             callback && callback(myData);
13             return false;
14         }
15         // 获取数据
16         $.ajax({
17             url:'js/index.json',// 相对页面的请求路径
18             type:'get',
19             data:{},
20             dataType:'json',
21             success:function(data){
22                 // 当我们做一次请求的时候需要记录
23                 myData=data;
24                 callback && callback(myData);
25             }
26         });
27     };
28     // 渲染
29     var render=function(){
30         /*
31          * 判断当前是什么设备，768px 以下都是移动设备
32          * 根据设备来解析数据（json 转化 HTML，字符串拼接，模版引擎）
33          * 渲染在 html 页面当中，html（解析的字符串）；
34          * */
35         var width=$(window).width();  // 获取当前屏幕的宽度
36         // 判断当前是不是移动端
37         var isMobile=false;
38         if(width <=768 ){          // 小于或等于 768px 时认为是移动设备
```

```
39          isMobile=true;
40      }
41      // 获取数据
42      getData(function(data){
43          // 根据设备来解析数据
44          var templatePoint= _.template($('#template_point').html());
45          var templateImage= _.template($('#template_image').html());
46          var htmlPoint=templatePoint({model:data});
47          var htmlImage=templateImage({model:data,isMobile:isMobile});
48          // 渲染
49          $('.carousel-indicators').html(htmlPoint);
50          $('.carousel-inner').html(htmlImage);
51      });
52  };
53  // 当页面尺寸改变的时候重新渲染，监听页面尺寸的改变，resize*/
54  $(window).on('resize',function(){
55      render();
56  }).trigger('resize');
57  // 在移动端  手势滑动
58  var startX=0;
59  var moveX=0;
60  var distanceX=0;
61  var isMove=false;
62  $('.carousel-inner').on('touchstart',function(e){
63      /*e对象没有直接返回原生的移动端touchEvent对象，
64        originalEvent返回的是 touchEvent 对象 */
65      startX=e.originalEvent.touches[0].clientX;
66  });
67  $('.carousel-inner').on('touchmove',function(e){
68      moveX=e.originalEvent.touches[0].clientX;
69      distanceX=moveX-startX;
70      isMove=true;
71  });
72  $('.carousel-inner').on('touchend',function(e){
73      if( Math.abs(distanceX) > 50 && isMove){
74          if(distanceX > 0){// 怎么操作轮播图组件
75              // 上一张
76              $('.carousel').carousel('prev');
77          }else{
78              // 下一张
79              $('.carousel').carousel('next');
80          }
81      }
82      // 重置参数
83      startX=0;
84      moveX=0;
85      distanceX=0;
86      isMove=false;
87  });
88 }
```

在上述代码中，banner() 方法用于实现动态轮播图，首先通过 Ajax 获取 index.json 文件的数据，在渲染 HTML 之前判断当前设备，小于或等于 768px 的为移动设备，根据设备解析数据，将 JSON 转换为 HTML 代码，应用字符串的拼接和 underscore 将 HTML 渲染到页面当中，当页面尺寸改变时重新渲染。第 59 ~ 88 行用于实现移动端的手势滑动，通过监听 touchstart、touchmove 和 touchend 事件来实现。

（5）在 index.html 页面下方添加使用 underscore 拼接 HTML 的脚本代码，如 index.html 所示。

index.html

```
1    <!-- 轮播计数器 -->
2    <script type="text/template" id="template_point">
3        <%$.each(model,function(i,item){%>
4        <li data-target="#carousel-example-generic"
           data-slide-to="<%=i%>" class="<%=i==0?'active':''%>"></li>
5        <%});%>
6    </script>
7    <!-- 轮播图 -->
8    <script type="text/template" id="template_image">
9        <%_.each(model,function(item,i){%>
10       <div class="item <%=i==0?'active':''%>">
11           <%if(isMobile){%>
12           <a class="m_imageBox" href="#">
13               <img src="<%=item.mb%>" alt=""/>
14           </a>
15           <%}else{%>
16           <a class="pc_imageBox" style="background-image:
                url(<%=item.pc%>)"  href="#"></a>
17           <%}%>
18       </div>
19       <%});%>
20   </script>
```

在上述代码中，第 2~6 行代码用于实现轮播计数器 HTML 代码的拼接，第 8~20 行用于实现轮播图 HTML 代码的拼接。

8.6 【任务 5】　信息和预约模块

■ 【任务描述】

"黑马财富"的第 5 个任务是完成信息和预约两个模块，这两个模块在 PC 端的页面效果如图 8-22 所示。

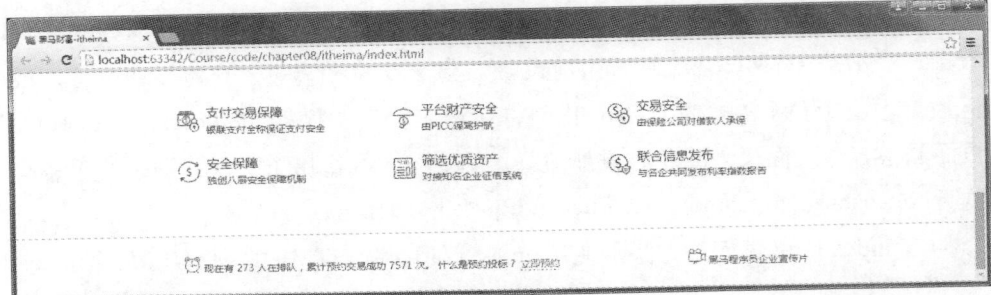

图 8-22　PC 端页面效果

信息和预约两个模块在 iPad 上的页面效果如图 8-23 所示。

在 iPhone 6 Plus 上会隐藏信息模块，预约模块正常显示，页面效果如图 8-24 所示。

图 8-23　iPad 页面效果

图 8-24　iPhone 6 Plus 页面效果

■ 【任务分析】

了解该任务要实现的效果后，分析一下页面结构，如图 8-25 所示。

在图 8-25 中，信息模块的所有内容包含在一个 div.heima_info 中，并且在 div.heima_info 中嵌套 div.container 布局容器，布局容器中嵌套 div.row 通过栅格系统进行布局，将整个信息模块被划分为 6 部分，每个部分包含在 div.col-md-4 col-sm-6 中。预约模块的所有内容包含在 div.heima_book 中，并且在 div.heima_book 中嵌套 div.container 布局容器，预约模块主要分为两大部分：div.pull-left 和 div.pull-right。

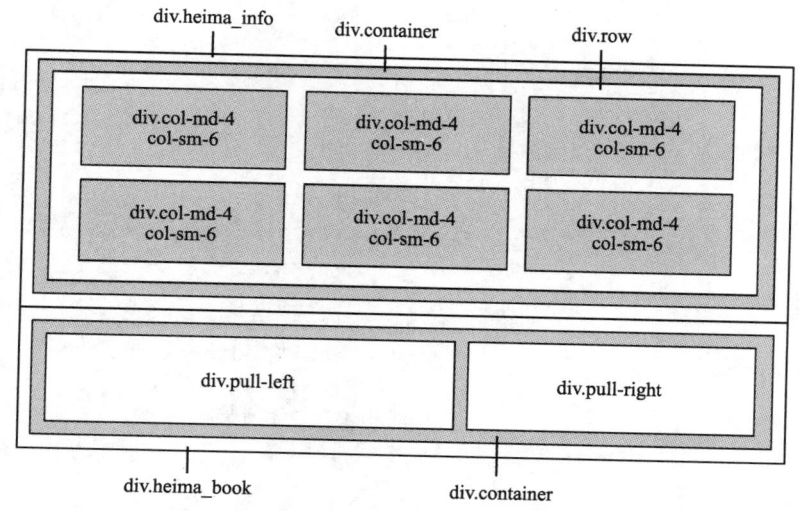

图 8-25　信息和预约模块页面结构

页面的实现细节，具体分析如下：

（1）信息模块的每个栅格中包含 <a> 标签，其中的内容为字体图标和文字。

（2）当鼠标悬停到信息模块的某个栅格内容上时，字体图标和文字颜色发生变化。

（3）预约模块两部分中内容均为字体图标、文字和链接的组合，div.pull-left 中的链接和 div.pull-right 中的内容均需要添加鼠标悬停的效果，即字体图标和文字颜色发生变化。

（4）在手机端使用响应式工具隐藏信息模块，为 div.heima_info 添加 .hidden-xs。

■ 【代码实现】

对轮播图的页面结构有所了解后，开始实现代码。

（1）在 index.html 中添加如下代码：

index.html

```
1   <!-- 信息模块 -->
2       <div class="heima_info hidden-xs">
3           <div class="container">
4               <div class="row">
5                   <div class="col-md-4 col-sm-6">
6                       <a href="#">
7                           <div class="media">
8                               <div class="media-left">
9                   <span class="heima_icon heima_icon_E903"></span>
10                              </div>
11                              <div class="media-body">
12                                  <h4 class="media-heading">支付交易
                                        保障 </h4>
13                                  <p>银联支付全称保证支付安全 </p>
```

```
14                                </div>
15                              </div>
16                          </a>
17                      </div>
18                      <div class="col-md-4 col-sm-6">
19                          <a href="#">
20                              <div class="media">
21                                  <div class="media-left">
22                      <span class="heima_icon heima_icon_E901"></span>
23                                  </div>
24                                  <div class="media-body">
25                                      <h4 class="media-heading">平台财产
                                            安全</h4>
26                                      <p>由 PICC 保驾护航</p>
27                                  </div>
28                              </div>
29                          </a>
30                      </div>
31                      <div class="col-md-4 col-sm-6">
32                          <a href="#">
33                              <div class="media">
34                                  <div class="media-left">
35                      <span class="heima_icon heima_icon_E900"></span>
36                                  </div>
37                                  <div class="media-body">
38                                      <h4 class="media-heading">交易安全</h4>
39                                      <p>由保险公司对借款人承保</p>
40                                  </div>
41                              </div>
42                          </a>
43                      </div>
44                      <div class="col-md-4 col-sm-6">
45                          <a href="#">
46                              <div class="media">
47                                  <div class="media-left">
48                      <span class="heima_icon heima_icon_E904"></span>
49                                  </div>
50                                  <div class="media-body">
51                                      <h4 class="media-heading">安全保障</h4>
52                                      <p>独创八层安全保障机制</p>
53                                  </div>
54                              </div>
55                          </a>
56                      </div>
57                      <div class="col-md-4 col-sm-6">
58                          <a href="#">
59                              <div class="media">
60                                  <div class="media-left">
61                      <span class="heima_icon heima_icon_E902"></span>
62                                  </div>
```

```
63                              <div class="media-body">
64                                  <h4 class="media-heading"> 筛选优质
                                        资产 </h4>
65                                  <p> 对接知名企业征信系统 </p>
66                              </div>
67                          </div>
68                      </a>
69                  </div>
70                  <div class="col-md-4 col-sm-6">
71                      <a href="#">
72                          <div class="media">
73                              <div class="media-left">
74                          <span class="heima_icon heima_icon_E907"></span>
75                              </div>
76                              <div class="media-body">
77                                  <h4 class="media-heading"> 联合信息
                                        发布 </h4>
78                                  <p> 与名企共同发布利率指数报告 </p>
79                              </div>
80                          </div>
81                      </a>
82                  </div>
83              </div>
84          </div>
85      </div>
86      <!-- 预约 -->
87      <div class="heima_book">
88          <div class="container">
89              <div class="pull-left">
90                  <span class="heima_icon heima_icon_E906"></span>
91                  现在有 273 人在排队，累计预约交易成功 7571 次。 什么是预
                        约投标?
92                  <a class="book_link" href="#"> 立即预约 </a>
93              </div>
94              <div class="pull-right hidden-xs">
95                  <a href="#">
96                      <span class="heima_icon heima_icon_E905"></span>
97                      黑马程序员企业宣传片
98                  </a>
99              </div>
100         </div>
101     </div>
```

在上述代码中，第 5~14 行实现的第一个栅格的内容，包含 \<div\>、\<span\>、\<h4\>\<p\> 标签，后面的 5 个栅格与之结构相同；第 89~93 行实现了预约模块左面部分 div.pull-left 的内容，第 94~99 行实现了预约模块右面部分 div.pull-right 的内容，两部分都包括 \<span\> 标签、文字和 \<a\> 标签，需要注意的是，上述内容中的 \<span\> 标签均用于定义字体图标。

（2）在 index.css 文件中添加如下样式代码：

index.css

```
1  // 信息
2  .heima_info{
3      padding: 50px;
4      border-bottom: 1px solid #ccc;
5  }
6  .heima_info > .container{
7      width: 910px;
8  }
9  .heima_info .heima_icon{
10     font-size: 30px;
11 }
12 .heima_info .col-md-4{
13     padding: 10px;
14 }
15 .heima_info  a:hover{
16     color: #E92322;
17 }
18 // 字体图标
19 .heima_icon_E903::before{
20     content: "\e903";
21 }
22 .heima_icon_E907::before{
23     content: "\e907";
24 }
25 .heima_icon_E901::before{
26     content: "\e901";
27 }
28 .heima_icon_E900::before{
29     content: "\e900";
30 }
31 .heima_icon_E904::before{
32     content: "\e904";
33 }
34 .heima_icon_E902::before{
35     content: "\e902";
36 }
37 // 预约
38 .heima_book{
39     padding: 25px 0;
40     border-bottom: 1px solid #ccc;
41 }
42 .heima_book > .container{
43     width: 910px;
44 }
45 @media screen and (max-width: 768px) {
46     .heima_book > .container{
```

```
47          width: 100%;
48      }
49 }
50 .heima_book .heima_icon{
51      font-size: 24px;
52 }
53 .heima_book a:hover{
54      color: #E92322;
55 }
56 .heima_book .book_link{
57      color: #E92322;
58      border-bottom: 1px dashed #E92322;
59 }
60 // 字体图标
61 .heima_icon_E906::before{
62      content: "\e906";
63 }
64 .heima_icon_E905::before{
65      content: "\e905";
66 }
```

在上述代码中，第2~17行用于设置信息模块外层盒子 div.heima_info、布局容器 div.container 的宽度，以及字体图标的大小等；第19~36行用于设置信息模块的字体图标；第38～59行用于设置预约模块的外层盒子 div.heima_book、布局容器 div.container 的宽度，以及字体图标的大小等；第61~66行用于设置预约模块的字体图标。

8.7 【任务6】 产品模块

■ 【任务描述】

"黑马财富"的第6个任务是产品模块，产品模块在PC端每行显示3种产品，页面效果如图8-26所示。

图8-26 PC 端页面效果

单击"黑马投资"标签可以切换标签页，产品模块在 iPad 上每行显示两种产品，页面效果如图 8-27 所示。

在 iPhone 6 Plus 上每行显示一种商品，页面效果如图 8-28 所示。

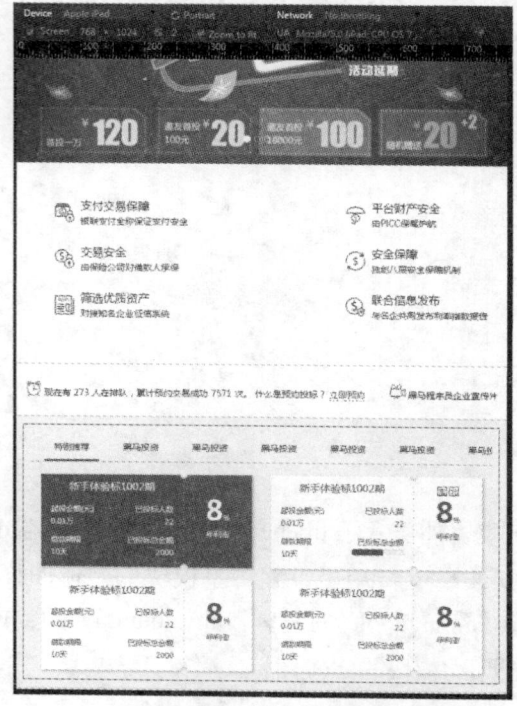

图 8-27　iPad 页面效果

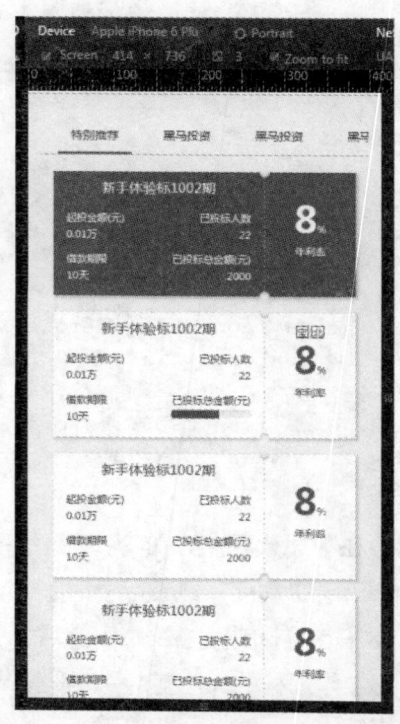

图 8-28　iPhone 6 Plus 页面效果

【任务分析】

了解该任务要实现的效果后，分析一下页面结构，如图 8-29 所示。

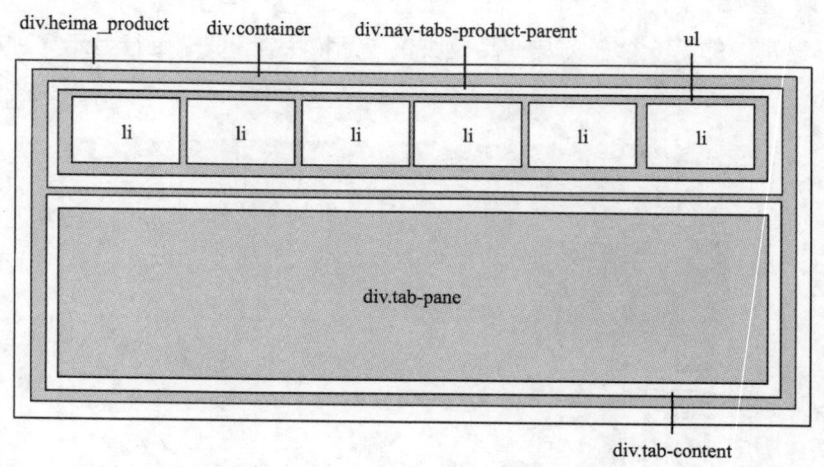

图 8-29　产品模块页面结构

图 8-29 所示的产品模块是基于 Bootstrap 的标签页实现的，所有内容包含在一个 div.heima_product 标签中，并且在 div.heima_product 中嵌套 div.container 布局容器。标签也分为两大部分：div.nav-tabs-product-parent(标签页的页签)和 div.tab-content（每个页签对应的内容）。

页面的实现细节，具体分析如下：

（1）div.nav-tabs-product-parent 中嵌套 <ul> 标签，每个 <li> 就是一个标签。

（2）覆盖 Bootstrap 标签页原有的样式，另外，为了让所有标签显示在一行，<ul> 的宽度需要等于所有 <li> 的宽度的和，这个操作需要借助 JavaScript 代码来完成，使用 innerWidth() 方法来获取每个 <li> 内边距的宽度。

（3）div.tab-content 中嵌套多个 div.tab-pane，它就是页签对应的标签页，一个 <li> 标签对应一个 div.tab-pane。

（4）所有产品都在第一页中显示，也就是说产品 <div> 都放在第一个 div.tab-content 中，每种产品都放在 div. col-xs-12 col-sm-6 col-md-4 中。

（5）引入 Swipe.js 插件来实现页面滑动的效果。

（6）在 index.js 中添加代码，实现产品标签页页签的横向滑动。

■ 【代码实现】

对轮播图的页面结构有所了解后，开始实现代码。

（1）在 index.html 中添加如下代码：

index.html

```
1   <!-- 产品模块 -->
2   <div class="heima_product">
3       <div class="container">
4           <!-- Nav tabs -->
5           <div class="nav-tabs-product-parent">
6               <ul class="nav nav-tabs-product" role="tablist">
7                   <li role="presentation" class="active">
8                   <a href="#product_tab_01" aria-controls="home"
9                       role="tab" data-toggle="tab">特别推荐 </a></li>
10                  <li role="presentation">
11                  <a href="#product_tab_02" aria-controls="profile"
12                      role="tab" data-toggle="tab">黑马投资 </a></li>
13                   <li role="presentation">
14                  <a href="#product_tab_03" aria-controls="messages"
15                      role="tab" data-toggle="tab">黑马投资 </a></li>
16                   <li role="presentation">
17                  <a href="#product_tab_04" aria-controls="settings"
18                       role="tab" data-toggle="tab">黑马投资 </a></li>
19                   <li role="presentation">
```

```
20              <a href="#product_tab_05" aria-controls="profile"
21                  role="tab" data-toggle="tab">黑马投资 </a></li>
22                  <li role="presentation">
23              <a href="#product_tab_06" aria-controls="messages"
24                  role="tab" data-toggle="tab">黑马投资 </a></li>
25                  <li role="presentation">
26              <a href="#product_tab_07" aria-controls="settings"
27              role="tab" data-toggle="tab">黑马投资 </a></li>
28                  </ul>
29          </div>
30          <!-- Tab panes -->
31          <div class="tab-content">
32  <div role="tabpanel" class="tab-pane active" id="product_tab_01">
33              <div class="col-xs-12 col-sm-6 col-md-4">
34                  <a href="#" class="product_box active">
35                      <div class="product_box_right">
36                          <p><b>8</b><sub>%</sub></p>
37                          <p>年利率 </p>
38                      </div>
39                      <div class="product_box_left">
40                          <h3 class="text-center">新手体验标
                                1002 期 </h3>
41                          <div class="col-xs-6 text-left">
42                              <p>起投金额（元）</p>
43                              <p>0.01万 </p>
44                          </div>
45                          <div class="col-xs-6 text-right">
46                              <p>已投标人数 </p>
47                              <p>22</p>
48                          </div>
49                          <div class="col-xs-6 text-left">
50                              <p>借款期限 </p>
51                              <p>10天 </p>
52                          </div>
53                          <div class="col-xs-6 text-right">
54                              <p>已投标总金额（元）</p>
55                              <p>2000</p>
56                          </div>
57                      </div>
58                  </a>
59              </div>
60              <div class="col-xs-12 col-sm-6 col-md-4">
61                  <a href="#" class="product_box">
62                      <div class="product_box_right">
63                          <div class="toolTip_box">
64  <span class="bao" data-toggle="tooltip" data-palcement="top"
65          title=" 微金宝 ">宝 </span>
66  <span class="bei" data-toggle="tooltip" data-palcement="top"
67          title=" 北京市 ">北 </span>
68                          </div>
69                          <p><b>8</b><sub>%</sub></p>
```

```
70                                    <p>年利率 </p>
71                                  </div>
72                              <div class="product_box_left">
73                                  <h3 class="text-center">新手体验标
                                        1002 期 </h3>
74                                  <div class="col-xs-6 text-left">
75                                      <p>起投金额（元）</p>
76                                      <p>0.01 万 </p>
77                                  </div>
78                                  <div class="col-xs-6 text-right">
79                                      <p>已投标人数 </p>
80                                      <p>22</p>
81                                  </div>
82                                  <div class="col-xs-6 text-left">
83                                      <p>借款期限 </p>
84                                      <p>10 天 </p>
85                                  </div>
86                                  <div class="col-xs-6 text-right">
87                                      <p>已投标总金额（元）</p>
88                                      <div class="progress">
89        <div class="progress-bar" role="progressbar" aria-valuenow="60"
90          aria-valuemin="0" aria-valuemax="100" style="width: 60%;">
91                  <span class="sr-only">60% Complete</span>
92                                      </div>
93                              </div>
94                          </div>
95                      </div>
96                  </a>
97              </div>
98              <div class="col-xs-12 col-sm-6 col-md-4">
99                  <a href="#" class="product_box">
100                     <div class="product_box_right">
101                         <p><b>8</b><sub>%</sub></p>
102                         <p>年利率 </p>
103                     </div>
104                 <div class="product_box_left">
105                     <h3 class="text-center">新手体验标
                            1002 期 </h3>
106                     <div class="col-xs-6 text-left">
107                         <p>起投金额（元）</p>
108                         <p>0.01 万 </p>
109                     </div>
110                     <div class="col-xs-6 text-right">
111                         <p>已投标人数 </p>
112                         <p>22</p>
113                     </div>
114                     <div class="col-xs-6 text-left">
115                         <p>借款期限 </p>
116                         <p>10 天 </p>
117                     </div>
118                     <div class="col-xs-6 text-right">
```

```
119                                    <p> 已投标总金额（元）</p>
120                                    <p>2000</p>
121                                </div>
122                            </div>
123                        </a>
124                    </div>
125                    <div class="col-xs-12 col-sm-6 col-md-4">
126                        <a href="#" class="product_box">
127                            <div class="product_box_right">
128                                <p><b>8</b><sub>%</sub></p>
129                                <p> 年利率 </p>
130                            </div>
131                            <div class="product_box_left">
132                                <h3 class="text-center"> 新手体验标
                                    1002 期 </h3>
133                                <div class="col-xs-6 text-left">
134                                    <p> 起投金额（元）</p>
135                                    <p>0.01 万 </p>
136                                </div>
137                                <div class="col-xs-6 text-right">
138                                    <p> 已投标人数 </p>
139                                    <p>22</p>
140                                </div>
141                                <div class="col-xs-6 text-left">
142                                    <p> 借款期限 </p>
143                                    <p>10 天 </p>
144                                </div>
145                                <div class="col-xs-6 text-right">
146                                    <p> 已投标总金额（元）</p>
147                                    <p>2000</p>
148                                </div>
149                            </div>
150                        </a>
151                    </div>
152                </div>
153    <div role="tabpanel" class="tab-pane" id="product_tab_02"></div>
154    <div role="tabpanel" class="tab-pane" id="product_tab_03"></div>
155    <div role="tabpanel" class="tab-pane" id="product_tab_04"></div>
156    <div role="tabpanel" class="tab-pane" id="product_tab_05"></div>
157    <div role="tabpanel" class="tab-pane" id="product_tab_06"></div>
158    <div role="tabpanel" class="tab-pane" id="product_tab_07"></div>
159            </div>
160        </div>
161    </div>
```

　　在上述代码中，第 6~28 行用于定义产品模块标签页的页签；第 32~152 行用于定义第一个产品页签对应的内容；153~158 行用于定义后面几个标签对应的标签页，这些标签页的内容为空，需要注意的是，每个 div.tab-pane 的 id 值要与每个页签中 <a> 链接的 href 值相对应，例如，div.tab-pane 的 id 值为 product_tab_01，那么对应的 <a> 链接的

href 值为 #product_tab_01。

(2) 在 index.css 文件中添加如下样式代码：

index.css

```
1  //产品
2  .heima_product{
3      background: #f5f5f5;
4      border-bottom: 1px solid #ccc;
5      padding: 30px 0;
6  }
7  .nav-tabs-product {
8      border-bottom: 1px solid #ccc;
9  }
10 .nav-tabs-product>li {
11     float: left;
12     padding-left: 20px;
13 }
14 .nav-tabs-product>li>a {
15     margin-right: 2px;
16     line-height: 1.42857143;
17     border-radius: 4px 4px 0 0;
18 }
19 .nav-tabs-product>li>a:hover {
20     background: #f5f5f5;
21 }
22 .nav-tabs-product>li.active>a,
23 .nav-tabs-product>li.active>a:hover,
24 .nav-tabs-product>li.active>a:focus {
25     color: #555;
26     cursor: default;
27     border: none;
28     background: #f5f5f5;
29     border-bottom: 3px solid #E92322;
30 }
31 .nav-tabs-product.nav-justified {
32     width: 100%;
33     border-bottom: 0;
34 }
35 .nav-tabs-product.nav-justified > li {
36     float: none;
37 }
38 .nav-tabs-product.nav-justified > li > a {
39     margin-bottom: 5px;
40     text-align: center;
41 }
42 .nav-tabs-product.nav-justified > .dropdown .dropdown-menu {
43     top: auto;
44     left: auto;
45 }
46 @media (max-width: 767px) {
```

```
47      .nav-tabs-product.nav-justified > li {
48          display: table-cell;
49          width: 1%;
50      }
51      .nav-tabs-product.nav-justified > li > a {
52          margin-bottom: 0;
53      }
54  }
55  .nav-tabs-product.nav-justified > li > a {
56      margin-right: 0;
57      border-radius: 4px;
58  }
59  .nav-tabs-product.nav-justified > .active > a,
60  .nav-tabs-product.nav-justified > .active > a:hover,
61  .nav-tabs-product.nav-justified > .active > a:focus {
62      border: 1px solid #ddd;
63  }
64  @media (max-width: 767px) {
65      .nav-tabs-product.nav-justified > li > a {
66          border-bottom: 1px solid #ddd;
67          border-radius: 4px 4px 0 0;
68      }
69      .nav-tabs-product.nav-justified > .active > a,
70      .nav-tabs-product.nav-justified > .active > a:hover,
71      .nav-tabs-product.nav-justified > .active > a:focus {
72          border-bottom-color: #fff;
73      }
74  }
75  // 页签父盒子
76  .nav-tabs-product-parent{
77      width: 100%;
78      overflow: hidden;
79  }
80  // 产品盒子
81  .product_box{
82      height: 150px;
83      width: 100%;
84      display: block;
85      background: #fff;
86      box-shadow:2px 2px 3px 1px #d8d8d8;
87      margin-top: 20px;
88      font-size: 12px;
89      color: #666;
90  }
91  .product_box p{
92      margin-bottom: 0;
93  }
94  .product_box.active{
95      background: #E92322;
96      position: relative;
```

```
97  }
98  .product_box.active::before{
99      content: "\e915";
100         font-family: heima;
101         position: absolute;
102         top: -7px;
103         left: 0;
104         color: #fff;
105         font-size: 33px;
106  }
107  .product_box .product_box_left{
108         overflow: hidden;
109  }
110  .product_box .product_box_left h3{
111         font-size: 16px;
112         margin: 10px 0;
113  }
114  .product_box.active .product_box_left{
115         color: #fff;
116  }
117  .product_box .product_box_left > div{
118         margin-top: 10px;
119  }
120  .product_box .product_box_left > div > p{
121         width: 100%;
122         height: 20px;
123         overflow: hidden;
124  }
125  .product_box .product_box_left .progress{
126         height: 10px;
127  }
128  .product_box .product_box_right{
129         float: right;
130         width: 108px;
131         height: 100%;
132         text-align: center;
133         position:relative;
134         border-left: 1px dashed #ccc;
135  }
136  .product_box .product_box_right::before,
137  .product_box .product_box_right::after{
138         content: "";
139         position: absolute;
140         left: -6px;
141         width: 12px;
142         height: 12px;
143         border-radius: 6px;
144         background: #f5f5f5;
145  }
146  .product_box .product_box_right::before{
```

```
147        top: -6px;
148        box-shadow:0 -2px 2px #d8d8d8 inset;
149    }
150    .product_box .product_box_right::after{
151        bottom: -6px;
152        box-shadow:0 2px 2px #d8d8d8 inset;
153    }
154
155    .product_box_right p:first-of-type{
156        margin-bottom: 0;
157        margin-top: 25px;
158        color: #E92322;
159    }
160    .product_box.active .product_box_right p{
161        color: #fff;
162    }
163    .product_box_right p:first-of-type b{
164        font-size: 44px;
165    }
166    .product_box_right p:first-of-type sub{
167        bottom: 0;
168    }
169    // 工具提示
170    .toolTip_box{
171        position: absolute;
172        top: 15px;
173        left: 0;
174        text-align: center;
175        width: 100%;
176    }
177    .toolTip_box > span{
178        height: 15px;
179        width: 15px;
180        text-align: center;
181        line-height: 15px;
182        display: inline-block;
183    }
184    .toolTip_box .bao{
185        color: green;
186        border: 1px solid green;
187    }
188    .toolTip_box .bei{
189        color: red;
190        border: 1px solid red;
191    }
```

在上述代码中，第 7~45 行代码用于覆盖 Bootstrap 标签页原有的样式；第 46~74 行媒体查询代码，用于在页面宽度小于 768px 时，覆盖 Bootstrap 标签页原有的样式；第 76~79 行用于处理页签也盒子的样式，目的是当页签横向排列总宽度大于屏幕宽度时，隐藏一部分页签；第 80~191 行用于处理产品盒子及产品内容的样式。

（3）在 index.js 中添加代码，让 \<ul\> 的宽度等于所有 \<li\> 的宽度的和，代码如下：

index.js

```
1  // 初始化产品页签
2  function initProduct(){
3      /*
4      * 知道所有 li 的宽度的和
5      * ul 的宽度设置成和所有 li 的和一致
6      * */
7      // 获取页签盒子
8      var tabs=$('.nav-tabs-product');
9      // 所有的 li
10     var lis=tabs.find('li');
11     var width=0;
12     $.each(lis,function(i,item){
13         //width() 获取的是内容的宽度
14         //innerWidth() 获取的是内容内边距的宽度
15         width+=$(this).innerWidth();
16     });
17     tabs.width(width);
18 }
19 // 滑动
20 itcast.iScroll({
21     swipeDom:document.querySelector('.nav-tabs-product-parent'),
22     swipeType:'x',
23     swipeDistance:1000
24 });
```

在上述代码中，第 8 行获取页签盒子，然后在第 10 行定义 lis 作为所有 li 元素的集合，第 12~16 行变量 li 元素的集合，使用 innerWidth() 方法获取每个 li 元素的宽度并相加，最后在第 17 行设置页签盒子的宽度为 li 元素宽度的和，initProduct() 方法需要在页面加载函数 $(function(){}) 中调用才能生效，第 20~24 行代码用于实现产品页签的横向滑动。

8.8 【任务 7】 新闻和合作伙伴模块

【任务描述】

"黑马财富"的第 7 个任务是完成新闻模块和合作伙伴模块，两个模块在 PC 端每行显示 3 个产品，页面效果如图 8-30 所示。

新闻和合作伙伴两个模块在 iPad 上菜单变为横排，页面效果如图 8-31 所示。

在 iPhone 6 plus 上会隐藏【黑马还款】前面的日期，页面效果如图 8-32 所示。

图 8-30　PC 端页面效果

图 8-31　iPad 端页面效果

图 8-32　iPhone 6 Plus 页面效果

■【任务分析】

了解该任务要实现的效果后，分析一下页面结构，如图 8-33 所示。

在图 8-33 中，新闻模块的所有内容包含在一个 div.heima_news 中，并且在 div.heima_info 中嵌套 div.container 布局容器，布局容器中嵌套 div.row 通过栅格系统进行布局，将整个信息模块被划分为三个部分，div.col-md-2 用于存放标题"全部新闻"，div.col-md-1 中用于存放标签页页签，div.col-md-7 中，用于存放标签页对应内容。合作伙伴模块的所有内容包含在 div.heima_partner 中，并且在 div.heima_partner 中嵌套 div.container

布局容器，预约模块主要分为两大部分：<h3> 标题部分和 <ul> 企业 logo 部分。

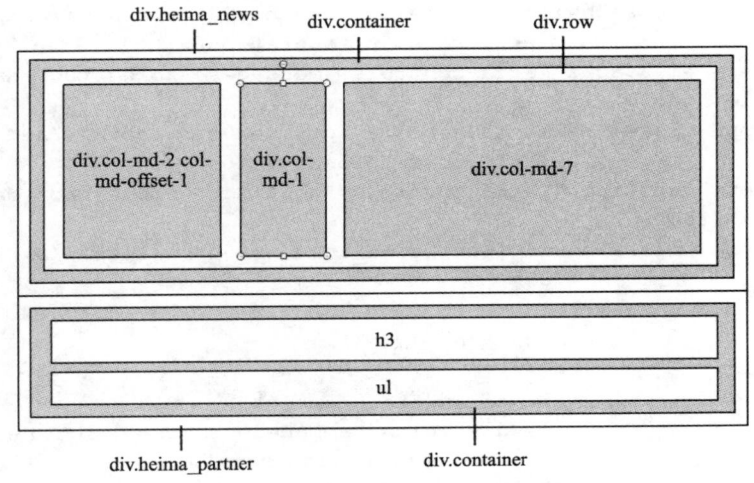

图 8-33 新闻和合作伙伴模块页面结构

页面的实现细节，具体分析如下：

（1）新闻模块的每个新闻标签页的页签和预约模块的企业 logo 为字体图标。

（2）所有新闻在标签页的第一页中有内容，后面几页没有内容。

（3）每条新闻内容在一个 <li> 标签中，并包含在 <a> 链接内。

（4）每个企业 logo 在一个 <li> 标签中，直接为 <a> 链接设置字体图标。

（5）使用媒体查询，让内容在不同终端合理显示。

【代码实现】

对新闻和合作伙伴模块的页面结构有所了解后，开始实现代码。

（1）在 index.html 中添加如下代码：

index.html

```
1  <!-- 新闻模块 -->
2      <div class="heima_news">
3          <div class="container">
4              <div class="row">
5                  <div class="col-md-2 col-md-offset-2">
6                      <div class="news_title"> 全部新闻 </div>
7                  </div>
8                  <div class="col-md-1">
9                      <div class="news_line hidden-sm hidden-xs"></div>
10                     <!-- Nav tabs -->
11                     <ul class="nav nav-tabs-news" role="tablist">
12                         <li role="presentation" class="active">
13 <a href="#home" aria-controls="home" role="tab" data-toggle="tab">
14 <span class="heima_icon heima_icon_new01"></span></a></li>
```

```
15                      <li role="presentation">
16  <a href="#profile" aria-controls="profile" role="tab" data-toggle="tab">
17      <span class="heima_icon heima_icon_new02"></span></a></li>
18                      <li role="presentation">
19  <a href="#messages" aria-controls="messages" role="tab" data-
    tog gle="tab">
20      <span class="heima_icon heima_icon_new03"></span></a></li>
21                      <li role="presentation">
22  <a href="#settings" aria-controls="settings" role="tab" data-
    toggle="tab">
23      <span class="heima_icon heima_icon_new04"></span></a></li>
24                  </ul>
25              </div>
26              <div class="col-md-7">
27                  <!-- Tab panes -->
28                  <div class="tab-content">
29                      <div role="tabpanel" class="tab-pane
                            active" id="home">
30                          <ul>
31                              <li>
32                                  <a href="#">
33                                      <span class="hidden-
                                        xs">2017-1-2</span>
34          【黑马还款】一周还款公告 2017 年 1 月 18 日 -1 月 24 日
35                                  </a>
36                              </li>
37                              <li>
38                                  <a href="#">
39                                      <span class=
                                        "hidden-xs">2017-1-2</span>
40          【黑马还款】一周还款公告 2017 年 1 月 18 日 -1 月 24 日
41                                  </a>
42                              </li>
43                              <li>
44                                  <a href="#">
45                                      <span class="hidden-xs">
                                        2017-1-2</span>
46          【黑马还款】一周还款公告 2017 年 1 月 18 日 -1 月 24 日
47                                  </a>
48                              </li>
49                              <li>
50                                  <a href="#">
51                                      <span class=
                                        "hidden-xs">2017-1-2</span>
52          【黑马还款】一周还款公告 2017 年 1 月 18 日 -1 月 24 日
53                                  </a>
54                              </li>
55                              <li>
56                                  <a href="#">
57                                      <span class="hidden-
                                        xs">2017-1-2</span>
58          【黑马还款】一周还款公告 2017 年 1 月 18 日 -1 月 24 日
59                                  </a>
```

```
60                              </li>
61                              <li>
62                                  <a href="#">
63                                      <span class="hidden-
                                            xs">2017-1-2</span>
64          【黑马还款】一周还款公告 2017 年 1 月 18 日 -1 月 24 日
65                                  </a>
66                              </li>
67                              <li>
68                                  <a href="#">
69                                      <span class="hidden-
                                            xs">2017-1-2</span>
70          【黑马还款】一周还款公告 2017 年 1 月 18 日 -1 月 24 日
71                                  </a>
72                              </li>
73                              <li>
74                                  <a href="#">
75                                      <span class="hidden-
                                            xs">2017-1-2</span>
76          【黑马还款】一周还款公告 2017 年 1 月 18 日 -1 月 24 日
77                                  </a>
78                              </li>
79                          </ul>
80                      </div>
81      <div role="tabpanel" class="tab-pane" id="profile">...</div>
82      <div role="tabpanel" class="tab-pane" id="messages">...</div>
83      <div role="tabpanel" class="tab-pane" id="settings">...</div>
84                  </div>
85              </div>
86          </div>
87      </div>
88  </div>
89  <!--footer 模块 -->
90  <footer class="heima_partner">
91      <div class="container">
92          <h3> 合作伙伴 </h3>
93          <ul>
94  <li><a href="#" class="heima_icon heima_icon_partner01"></a></li>
95  <li><a href="#" class="heima_icon heima_icon_partner02"></a></li>
96  <li><a href="#" class="heima_icon heima_icon_partner03"></a></li>
97  <li><a href="#" class="heima_icon heima_icon_partner04"></a></li>
98  <li><a href="#" class="heima_icon heima_icon_partner05"></a></li>
99  <li><a href="#" class="heima_icon heima_icon_partner06"></a></li>
100     <li><a href="#" class="heima_icon heima_icon_partner07"></a></li>
101     <li><a href="#" class="heima_icon heima_icon_partner08"></a></li>
102     <li><a href="#" class="heima_icon heima_icon_partner09"></a></li>
103         </ul>
104     </div>
105 </footer>
```

在上述代码中，第 11~24 行用于定义新闻标签页页签；第 28~84 行用于定义标签页内容；第 94~102 行用于定义合作伙伴的企业 logo，注意标签页、字体图标和栅格系统的用法。

　　(2) 在 index.css 文件中添加如下样式代码：

index.css

```
1  // 新闻
2  .heima_news{
3      padding: 20px 0;
4  }
5
6  .heima_news .news_title{
7      width: 100%;
8      border-bottom: 1px solid #ccc;
9      font-size: 20px;
10     height: 50px;
11     line-height: 50px;
12     text-align: center;
13     position: relative;
14 }
15 .heima_news .news_title::after{
16     content: "";
17     position: absolute;
18     bottom: -3px;
19     right: -6px;
20     width: 6px;
21     height: 6px;
22     border: 1px solid #ccc;
23     border-radius: 3px;
24 }
25 .heima_news .news_line{
26     position: absolute;
27     top: 0;
28     left: 45px;
29     height: 100%;
30     border-left: 1px dashed #ccc;
31     width: 1px;
32 }
33
34 // 新闻 tab
35 .nav-tabs-news{
36     border: none;
37 }
38 .nav-tabs-news>li{
39     float: left;
40     margin-bottom: -1px;
41 }
42 .nav-tabs-news>li>a{
43     margin-right:0;
44     border: none;
45     height: 60px;
```

```
46        line-height: 60px;
47        width: 60px;
48        border-radius: 30px;
49        background: #ccc;
50        margin-bottom: 60px;
51        padding: 0;
52        text-align: center;
53 }
54 // 针对小屏幕设备
55 @media screen  and (max-width: 992px) and (min-width: 768px){
56        .nav-tabs-news>li>a{
57            margin: 20px 40px;
58        }
59 }
60 // 针对超小屏幕设备
61 @media screen and (max-width: 768px){
62        .nav-tabs-news>li{
63            width: 25%;
64        }
65        .nav-tabs-news>li>a{
66            margin: 30px 0;
67        }
68 }
69 @media (max-width: 414px){
70        .heima_news .tab-pane>ul
71        {
72            margin-left: -35px;
73            font-size: 5px;
74        }
75        .heima_news .tab-pane>ul>li{
76            padding: 0px;
77        }
78 }
79 .nav-tabs-news>li:last-child>a{
80        margin-bottom: 0;
81 }
82 .nav-tabs-news>li>a>.heima_icon{
83        font-size: 30px;
84        color: #fff;
85 }
86 .nav-tabs-news>li>a:hover {
87        border: none;
88        background: #E92322;
89 }
90 .nav-tabs-news>li.active>a,
91 .nav-tabs-news>li.active>a:hover,
92 .nav-tabs-news>li.active>a:focus {
93        color: #555;
94        cursor: default;
95        background-color: #E92322;
96        border: none;
```

```
97        border-bottom-color: transparent;
98  }
99  .nav-tabs-news.nav-justified{
100      width: 100%;
101      border-bottom: 0;
102  }
103  .nav-tabs-news.nav-justified>li {
104      float: none;
105  }
106  .nav-tabs-news.nav-justified>li>a {
107      margin-bottom: 5px;
108      text-align: center;
109  }
110  .nav-tabs-news.nav-justified>.dropdown.dropdown-menu {
111      top: auto;
112      left: auto;
113  }
114  @media (min-width: 768px){
115      .nav-tabs-news.nav-justified>li {
116          display: table-cell;
117          width: 1%;
118      }
119      .nav-tabs-news.nav-justified>li>a {
120          margin-bottom: 0;
121      }
122  }
123  .nav-tabs-news.nav-justified>li>a{
124      margin-right: 0;
125      border-radius: 4px;
126  }
127  .nav-tabs-news.nav-justified>.active>a,
128  .nav-tabs-news.nav-justified>.active>a:hover,
129  .nav-tabs-news.nav-justified>.active>a:focus {
130      border: 1px solid #ddd;
131  }
132  @media (min-width: 768px){
133      .nav-tabs-news.nav-justified>li>a {
134          border-bottom: 1px solid #ddd;
135          border-radius: 4px 4px 0 0;
136      }
137      .nav-tabs-news.nav-justified>.active>a,
138      .nav-tabs-news.nav-justified>.active>a:hover,
139      .nav-tabs-news.nav-justified>.active>a:focus {
140          border-bottom-color: #fff;
141      }
142  }
143  .heima_news .tab-pane>ul {
144      list-style: none;
145  }
146  .heima_news .tab-pane>ul>li {
147      padding: 10px;
```

```
148   }
149   // 字体图标
150   .heima_icon_new01::before{
151       content: "\e90e";
152   }
153   .heima_icon_new02::before{
154       content: "\e90f";
155   }
156   .heima_icon_new03::before{
157       content: "\e910";
158   }
159   .heima_icon_new04::before{
160       content: "\e911";
161   }
162   // 合作伙伴
163   .heima_partner{
164       background: #f5f5f5;
165       padding: 20px 0;
166       text-align: center;
167   }
168   .heima_partner ul{
169       list-style: none;
170       display: inline-block;
171       padding-left: 0;
172   }
173   .heima_partner ul li{
174       float: left;
175       font-size: 60px;
176       margin-left: 30px;
177   }
178   .heima_partner ul li:first-child{
179       margin-left:0;
180   }
181   // 字体图标
182   .heima_icon_partner01::before{
183       content:"\e946";
184   }
185   .heima_icon_partner02::before{
186       content: "\e92f";
187   }
188   .heima_icon_partner03::before{
189       content: "\e92e";
190   }
191   .heima_icon_partner04::before{
192       content: "\e92a";
193   }
194   .heima_icon_partner05::before{
195       content: "\e929";
196   }
197   .heima_icon_partner06::before{
198       content: "\e931";
```

```
199   }
200   .heima_icon_partner07::before{
201       content: "\e92c";
202   }
203   .heima_icon_partner08::before{
204       content: "\e92b";
205   }
206   .heima_icon_partner09::before{
207       content: "\e92d";
208   }
```

在上述代码中，首先对标签及整体样式进行设置，覆盖 Bootstrap 标签页的默认样式，然后设置字体图标的样式。第 54~78 行的媒体查询代码用于处理小屏幕及超小屏幕时标签页页签的排列和内容的排列。

小结

本项目的练习重点：

本项目主要练习的知识点有视口、媒体查询、Bootstrap 响应式工具、Bootstrap 布局容器、Bootstrap 栅格系统、Bootstrap 轮播图、underscore、Bootstrap 标签页和 Touch 事件等。

本项目的练习方法：

建议读者在编码时，按照顺序分模块完成，最后参考完整代码将各模块进行整合。

在学习本章内容时，建议读者先熟悉知识点内容，可以尝试在本项目中增加其他模块。

本项目的注意事项：

本项目的每个任务模块代码都可独立运行，与其他模块耦合性低。如果在整合时遇到问题，可以检查每个独立模块的代码是否是正确的，然后对错误进行针对性修改。

【思考题】

1. 列举一个项目从开始到上线的开发流程需要哪些步骤。
2. 列举 9 个"黑马商城"项目中应用的重点知识。